汪氏兵學三書

《太公兵法逸文》

《李衛公兵法》

《武侯八陣兵法輯略》

李浴日◎選輯

中國兵學大系

【03】

汪氏兵學三書敘

兵陰事也體鈐鍵于禮家而其用涵揉于道家何以明之五禮惟軍禮篇亡矣而田穰苴等所輯之軍禮司馬法百五十五篇今缺佚大半兵者逆取順守所以毒天下之不庭全軍保民爲上無取禽獮草薙也唐虞之世有理官無政官兵統於刑小刑則用刀鋸肆諸市朝大刑乃用甲兵陳諸原野古制禮律之目皆三千條出乎禮則入乎刑兵乃國家濟變非常之大刑不得已而用之者也禮者所以肅萬物之情氣致百度之淸明舉一切宮廟朝陛野外軍中細之極於衽席刀匕之間物爲

之節文以章人倫以固人肌膚之會筋骸之束樂由天作禮以地制樂由陽出禮自陰作樂象春雷出地禮象天澤異位禮樂所以消慝於未然之前兵刑所以除虣於已然之後其禁民爲非則一也古者禰禡祭纛繫乎軍禮鐃歌鼓吹厲乎軍樂軍禮入乎至陰之肅肅軍樂出乎至陽之赫赫肅肅者讋乎九地之下赫赫者震乎九天之上故曰兵之體源於禮也以正治國以奇用兵以慈儉讓爲不戰詘人之具而善於乘敝以窪弊沖下爲善勝候察萬物之並作而觀其復吉事尚左凶事尚右偏將軍居左上將軍居右兵者不祥之器聖人不得

已而用之故抗兵相加愛者常勝挈斂其才力心思損之而獲益危之而致安守如處女出如脫兎靜若山寒動若雷震絕利一源用師十倍天地積陰積陽之道妙用在善浸惟善浸者故能善勝善詘者故能善伸益常沖虛儉嗇以嚴凝蟄閉爲事不示人以利器人亦莫能測之常預計眾小不勝之分數以成一大勝之分數敵人開戶專斷閫外強力忍詬久嗇乃通常先萬物之氣而制之用凶事而裒益之故曰兵之用推衍於道家老子氏也敬謀無壙敬事無壙敬吏無壙敬眾無壙敬敵無壙此之謂五無壙武王踐阼篇太公述古丹書之詞

曰敬勝吉義勝從又申儆之曰怠勝滅欲勝凶禮家之精意也葛侯作六恐七懼五戒八務取良者勝矣益之用凶事之義李藥師審機料敵務出萬全常避敵朝氣擊其惰歸以靜制動以整攻瑕爲多算勝少算申論兵法注意束伍晚師止足善藏其用皆是物也後世事變百出損益連弩發石之車易而爲車銃圖說孫子五火篇易而爲火攻挈要礮準心法城堞樓櫓渠答之憑易而爲建碉築臺銳角三角堡隝地營之法彭排拒樁武剛偏箱之車易而爲滾牌滾被之術後世之兵器兵法愈出而愈新矣然其精微之意則有亘古不變者存凡

五兵之用長以衛短短以救長古者圍用弓矢守用殳矛助圍守則皆用戈戟今曾胡諸帥定楚軍營制每營五百人爲五隊頭隊劈山礮二隊抬鎗三隊刀矛四隊鳥鎗五隊刀矛前隊退卻則後隊斫之近日淮粤新軍參用德國陸操英國海軍之法有礮隊步隊馬隊工程隊疏密相間西例隨營有醫官槍匠獸醫等項章程視古法爲密法不同而以長衛短以短救長之理則同非必刻舟求劍以師古法亦豈毀規擿矩謂古法可盡廢哉至胡文忠用兵仿戚南塘束伍之法講求勇力技擊嘗歎曰兵以用火器而強亦恐以恃火器而反弱又居

軍中時時戒飭諸將每以習勞苦犯寒暑懲惰晻之暮
氣拭嚴冷之朝氣爲用尤爲習知利病者哉汪先生仲
伊盱衡時變采輯羣書旣撰述逸軍禮三篇以原其朔
又取太公望葛侯李藥師三家之佚文而蒐補討論之
以爲兵學三書是三家者率主於兵權謀兵陰陽而近
日太西兵法則嫥主兵技巧兵形勢技巧家則今日機
器製造槍弈準法之學之椎輪也形勢家則近日測地
繪圖束伍布陳之學之嚆矢也執古之道以御今之有
師古人之法而神明其意是三家皆古書之僅存者其
圖學久已亡佚藝文志兵書略孫子圖四卷楚兵法圖四卷孫軫圖三卷王孫圖五卷魏公子

圖十卷黃帝圖三卷風后圖二卷別成子望軍氣鮑子伍胥皆有圖是古兵法非圖不明圖亡而說僅存此古人之意所以不可傳也一若不可施於今而其精微常存蒐軍禮於千一抉黃老之指歸不廢江河萬古者要自有在夫孔子曰我戰則克祭則受福先克己而後克敵禁勝於身則令於民道千乘之國使治其賦先足食而後足兵而示民以大信則貫澈乎兵食之始終足食者制田賦以三十年之通計國用也足兵者伐五金之材而課冶氏桃氏函人矢人使治之又用周禮之制督邱甸出甲士車牛以供軍旅也此非兵之體源於禮乎曰臨事而懼好謀而成此非道家善戒無迹之作用乎此則仲伊

輯錄三家兵法之微指也夫曾胡諸公以綠營不可用剏募勇營而經費無出乃從權奏設釐金局不取之民而取之商以爲養勇之費以歛財務嗇用財欲泰此知所先務也史稱墨子之長善守禦爲節用括之非善強本節用致家給人足之道者惡能善守禦哉顏習齋論兵事曰吾以六字安天下人皆兵官皆將此周禮六軍之制我 朝入關時八旂制度亦用之今德國兵制亦然矣通古今者盡觀其會通焉

光緒乙未冬十一月芳郭里人袁祖敘

答汪仲伊山長書

仲伊先生同年執事來教語重未敢擔荷撝損尤非所克當至論兵學源流精敳朗暢若打眞理先得我心謹輒就尊指引而申之幸垂誨督太公問周公何以治魯曰吾尊尊而親親太公曰後世寖弱矣周公問太公何以治齊曰吾舉賢而上功周公曰後世必有簒殺之臣兵家祖太公陰符六弢管仲治齊用之此道家之言兵也周公制夏官司馬伍兩卒旅師軍之法三時務農一時講武此儒家之言兵也操術各異不可强合所從來遠矣周之制兵出於田賦以萬二千五百人爲一軍奇

正互用絲牽繩聯數有畸零其用法繁而曲管仲三分其國以爲三軍三軍三萬人公將其一高國各將其一陣皆徹行無有雍蔽其用法簡而直且管氏之制作內政而寄軍令稍變古法使士與士處農與農處工與工處商與商處各居其所各習其業不相雜厠朝夕巡事不見異物而遷焉農之子恆爲農工商之子恆爲工商是三民者皆不從戎役出財力將禾絹貿鹽鐵角技巧輸征榷以供軍食者也軍士之子恆爲軍士是有三便焉士卒服習將得兵心兵識將意一也器械銛利以時磨淬乘障守險先據地勢敵不得以猝攻二也演練精

熟不役以他事乃能齊勇怯壹眾志巧者不過習者之門較之驅農爲兵利鈍相百三也如是然後可以制勝於天下是故兵農合則以兼營而弱雖三代之成法不必是兵農分則以專肄而強雖列國之變法不必非商君祖之使農戰各修其本務以之強秦古今異宜庸兵於農之制後世不復用之勢使然也法繁而曲利於守成器而收效常遲法簡而直利於取天下而見功常捷黃帝老子太公管仲皆言兵之祖而七略皆列之道家葢備陽施陰讋之用賅握奇遁甲之數方略具焉儒家則出於古司徒之官佐世主宰兆人明敎化漸摩於六

經之中撢持於仁義之際必積累而後成行一不義雖得天下不爲甯亡其國而不肯失人心憲章祖述折衷於周公孔子誠萬世所以久安長治之常道至於取天下之術或不盡出於是也孟子稱制挺以撻秦楚之堅甲利兵荀卿與臨武君議兵事皆儒家之言兵也兵者嫥門之學孫吳鞅蠡張良鼂錯以下據勢爲資因時立業相機乃動不主故常則莫不出入轂穀於道家法家矣後世英主每陰用筦商之術以取天下而陽祖周孔儒術爲收拾人心之計然其參差假借之迹又焉得而深諱乎儒家興平之粱肉道法兵家拯亂之藥石藥石

不可以養生粱肉不可以治疾必廢藥石而專用粱肉豈通變之略哉若專任藥石而無粱肉以善其後則是逆取不知順守要亦任偏同弊者矣六藝之目禮樂所以涵養吾心之仁六書九數所以開拓吾心之智三射五御所以練習吾身之勇尊論謂樂亦寓有兵學十三舞勺成童舞象二十而冠舞大夏皆武舞也古八二十以前無不習武事者故儒者多強壯不怯弱可與治軍然則學樂不僅平釋矜躁資養仁之具兼可調和血氣為養勇之方誠洞見先王制作之精意哉大禹墨翟皆務強本節用備城門諸篇兵法略具矣昌黎言孔子必

用墨子存乎用世以尚儉立國實當今對症之良藥也
卽無志用世而以晏嬰墨翟之道治其身尤處季世損
以遠害之善術也此皆尊論所及故輒復引申發明之
足下泊然浮榮之外以不仕成其學術此最平生所心
折某性便儇樕本無剸割之用年運而往尤招辱殆之
媒每誦王仲淹云吾不仕故成學不雜學故明夫善棄
者乃能善取處不隱則志不章身不抑則名不揚使我
紆金紫致令僕不如木食磵飲蕭然隱几而坐進此道
胸中用舍得失之分數益思之爛熟矣審迷途其未遠
庶來者之可追乎冀抉去疵贅杜門炳燭從先生遊於

寬閒寂寞之野以修學爲治其天職先生其亦許之否
乎祖頓首

太公兵法逸文序

兵法古無書軒皇七十二戰而得天下所傳用兵要旨惟丹書三十九字太公述之今在禮家書傳之言太公曰翼戴文武身有殊勳世祚太公以表東海史記謂西伯受命稱王伐崇密須犬夷大作豐邑天下三分其二歸周者太公之謀計居多故後世言兵機奇計者咸宗太公其書藏柱下孔子適周問禮始得之而著錄焉冉子於軍旅嘗受學用之有效仲子亦躬聞臨事而懼好謀而成之訓詞政事偉才必兼知兵兵爲五禮之一聖人所不删故班志列六韜入禮家衛靈公問陳不答權

詞以拒孔圉之問所畣亦然由衛之君臣非可語用武之人而文事武備術本兼該少儀記禮節而曰軍旅思險隱情以虞兵凶戰危機事貴密豈可以陰謀爲詬病執仁義爲藉口哉是以老聃典司而有得黃石授受而名家皆本太公以爲圭臬攷周秦間人稱引太公兵法或曰周書蘇秦祖之作陰符或曰黃帝銘皇覽引之作金匱或以儷史佚前志而目爲軍志或以對武王用兵而據爲兵書然皆殘篇斷句首尾尟完事在漢興之初張留侯敘次所得於圯上者藏之內府諸呂用事盜取出外遂多散佚孝武帝時楊僕校兵書猶有甄錄劉子

政說苑指武篇倘多引太公兵法建武中興答詔引黃石公記已不云出太公袁宏漢紀始言太公六韜有天子將兵事三國志丞相諸葛亮寫六韜以教後主由季漢時人通稱兵法為六韜或爾時之六韜已合兵法逸文入其中故藝文志之六韜稱周史撰入儒家而梁阮孝緒七略之六韜稱周文王師呂望撰入兵家隋志兵家取太公書有兵法有陰謀有金匱杜牧孫子注引陰謀王伯厚玉海引金匱皆稱太公兵法馬總意林引金匱六韜而六韜文多不純疑梁庾仲容為子鈔時六韜已非原本唐之通典宋之御覽所引太公兵法不盡稱

六韜亦不盡出六韜顏師古以今六韜蓋言取天下及用兵之事夫隋唐志所存六韜既非復漢志之舊而鄭樵通志略有改正六韜名目則知北宋刊本又與隋唐不同孫淵如序六韜信其用韻合古書豈知唐以前之僞書恆多雜原文正僞判別黑白乃分偏信則愚概斥不錄茲之所輯先區條例曰說苑引太公兵法曰大戴禮引周書曰皇覽意林引金匱陰謀曰左國史漢通典御覽引周書及周書武稱曰周漢隋唐人引兵書軍志兵法曰唐人書引六弢曰今本六弢之近古者曰黃石公記逸文以類相從別爲篇第合之爲太公兵法雖未

必徑復留侯之舊然審擇矜慎觀其大略中多可法亦異乎世之孤據稱引書名而輯為一書之易易也此外尚有武侯八陣兵法輯略一卷衛公兵法三卷附錄一卷總弁之曰三家兵法通輯以與向時所為武經三書校補并行於世云

光緒五年季春閏月歙浦汪宗沂仲伊述於從容而任齋

太公兵法逸文一卷

歙浦汪宗沂仲伊輯編

太公兵法曰致慈愛之心立威武之戰以卑其衆練其精鋭砥礪其節以高其氣分爲五選異其旗章勿使冒亂堅其行陳連其什伍以禁淫非壘陳之次車騎之處勒兵之勢軍之法令賞罰之數使士赴火蹈刃陷陳取將死不旋踵者多異於今之將者也

將師受命者將率入軍吏畢入皆北面再拜稽首受命天子南面而授之鉞東行西面而揖之示弗御也故受命而出忘其國卽戎忘其家枹鼓之聲唯恐不勝忘其

身

史記司馬穰苴列傳述此數言正本之太公兵法又太公曰為將者受命忘家當敵忘身見文選西征賦注所引蓋檃括此文

故必死必死不如樂死樂死不如甘死甘死不如義死義死不如視死如歸此之謂也故一人必死十人弗能待也十人必死百人弗能待也百人必死千人弗能待也千人必死萬人弗能待也萬人必死橫行乎天下當也乎一本作於

白虎通義傳曰一人必死十人不能待百人必死千

人不能待（待今本作當陳立白虎通疏證疑待爲得之譌非是）萬人必死橫行天下武侯正議引後二語作軍讖知確係逸文後漢書鄧禹將張宗亦云一卒畢力百人不當萬夫致死可以橫行語意本此

令行禁止王者之師也

文王曰吾欲用兵誰可伐密須氏疑（貳也）於我可先往伐管叔曰不可其君天下之明君也伐之不義太公望曰臣聞之先王伐枉不伐順伐險不伐易伐過不伐不及文王曰善遂伐密須氏滅之也

呂覽密須之人自縛其主而與文王

文王將欲伐崇先宣言曰余聞崇侯虎蔑侮父兄不敬長老聽獄不中分財不均百姓力盡不得衣食余將來征之惟爲民乃伐崇令毋殺人毋壞室毋塡井毋伐樹木毋動六畜有不如令者死無赦崇人聞之因請降

左傳文王聞崇德亂而伐之軍三旬而不降退脩敎而復伐之因壘而降此卽所脩之敎也

武王將伐紂召太公望而問之曰吾欲不戰而知勝不卜而知吉使非其人爲之有道乎太公對曰有道王得衆人之心以圖不道則不戰而知勝矣以賢伐不肖則不卜而知吉矣彼害之我利之雖非吾民可得而致也

武王曰善乃召周公而問焉曰天下之圖事者皆以殷爲天子周爲諸侯以諸侯攻天子勝之有道乎周公對曰殷信天子周信諸侯則無勝之道矣何可攻乎武王忿然曰女言有說乎周公對曰臣聞之攻禮者爲賊攻義者爲殘失其民制爲匹夫王攻其失民者也何攻天子乎（宋戴埴鼠璞引問周公作六韜逸文）武王曰善乃起眾舉師與殷戰於牧之野大敗殷人上堂見玉曰誰之玉也曰諸侯之玉卽取而歸之於諸侯天下聞之曰武王廉於財矣入室見女曰誰之女也曰諸侯之女卽取而歸之於諸侯天下聞之曰武王廉於色矣於是發巨橋之粟散鹿臺

之財金錢以與士民黜其戰車而不乘弛其甲兵而弗用縱馬華山放牛桃林示不復用天下聞者咸謂武王行義於天下豈不大哉漢劉向說苑指武篇

右第一篇

武王踐阼三日召士大夫而問焉曰惡有藏之約行之行萬世可以爲子孫恆者乎諸大夫對曰未得聞也然後召師尚父而問焉曰昔皇帝顓頊之道存乎意亦忽不可得見與師尚父曰在丹書王欲聞之則齊矣王齋三日端冕師尚父亦端冕奉書而入負屏而立王下堂南面而立師尚父曰先王之道不北面王行西折而東

面師尙父西面道書之言曰敬勝怠者强怠勝敬者亡義勝欲者從欲勝義者凶凡事不强則枉不敬則不正枉者滅廢敬者萬世（以上丹書之言）

後漢書光武帝紀注引太公金匱曰黃帝居人上惴惴若臨深淵舜居人上兢兢如履薄冰禹居人上慄慄如不滿日敬勝怠則吉義勝欲則昌日愼一日壽終無殃

藏之約行之行可以爲子孫恆者此言之謂也且臣聞之以仁得之以仁守之其量百世以仁得之以不仁守之其量十世以不仁得之以不仁守之必及其世王聞

書之言惕若恐懼退而爲戒書于席之四端爲銘焉于机爲銘焉于鑑爲銘焉于盥槃爲銘焉于楹爲銘焉于杖爲銘焉于帶爲銘焉于履屨爲銘焉于觴豆爲銘焉于牖爲銘焉于劍爲銘焉于弓爲銘焉于矛爲銘焉席前左端之銘曰安樂必敬前右端之銘曰無行可悔後左端之銘曰一反一側亦不可以忘後右端之銘曰所監不遠視邇所代機之銘曰皇皇惟敬口生㖃口戕口鑑之銘曰見爾前慮爾後盥槃之銘曰與其溺於人也寍溺於淵溺於淵猶可游也溺于人不可救也楹之銘曰毋曰胡殘其禍將然毋曰胡害其禍將大毋曰胡傷

其禍將長杖之銘曰惡乎危于忿疐惡乎失道於嗜慾惡乎相忘于富貴帶之銘曰火滅修容愼戒必恭恭則壽履屨之銘曰愼之勞勞則富觴豆之銘曰食自杖食自杖戒之憍憍則逃戶之銘曰夫名難得而易失無懃弗志而曰我知之乎無懃弗及而曰我杖之乎擾阻以泥之若風將至必先搖搖雖有聖人不能爲謀也牖之銘曰隨天之時以地之財敬祀皇天敬以先時劍之銘曰帶之以爲服動必行德行德則興倍德則崩弓之銘曰屈伸之義廢興之行無忘自過矛之銘曰造矛造矛少間弗忍終身之羞予一人所聞以戒後世子孫大戴禮記

第五十九宗泝案六弢本孔子問禮所得此當本在西漢六弢中故禮家取之或在金匱武王問師
皇覽無尚父曰五帝之戒誠同可得聞乎師皇覽無尚父曰黃
帝之君治要引之下有時字戒曰吾之居民上也搖搖恐夕不及
朝劉邵皇覽治要及作至慄慄恐朝不及夕兢兢業業日慎一日
人莫躓於山而躓於垤玉海引太公兵法下三句淮南子作堯戒下一句韓非子作先
聖有諺以上藝文類聚二十三引金匱所無故爲金人三緘一本作封其口而銘
其背曰古之慎言玉海引皇覽止此人也說苑戒之哉戒之哉說苑
疊一句藝文同無多言無多事多言多敗多事多患說苑多言多事直接
與家語小異一本患作害安樂必戒無行所悔程伯專云安樂必戒八句又見武王席銘
楹銘其實古語相承不嫌重複勿謂何傷其禍將長勿謂何害其禍將

大勿謂何殘其禍將然（說苑多此二語與楹之銘合藝文引無）勿謂不（說苑作莫）聞神將（此從皇覽及家語說苑作天妖）伺人燅燅（藝文作談談）不滅炎炎奈（藝文作若）何涓涓不塞（說苑作壅藝文同）終（說苑作將）成（藝文作爲）江河緜緜不絕將（藝文作或）成網羅青青不伐（藝文引作豪末不札）將尋斧柯誠（據家語說苑作不）能慎之福（說苑作禍）之根也曰（家語誤作口）是何（此從說苑家語皇覽作無）傷禍之門也（宋書傅亮傳引此二句曰古語無二也字）強梁者不得其死（此一語老子述之）好勝者必遇其敵盜憎（說苑作怨）主人民怨（說苑作害）其上（說苑作貴左傳引之）君子知天下之不可上也故下之（左傳君子不欲多上人出此）知眾人之不可先也故後之（家語後作下老子不爲天下先本此意）溫恭慎德（說苑作君子知天下之不可蓋也故後之下之）使人慕

之執雌持下人莫踰之說苑作莫能與之爭者人皆趨彼我獨守此人皆惑家語作或乃古字之說苑作眾人惑惑我獨不從說苑作從內藏我家語作乃智不示人技說苑作不與人論技我雖尊高人弗我害說苑作人莫害我惟能如此也家語作誰能於此江海家語作漢雖左長於百川以其卑也說苑作江河長百谷者以其卑下也老子本之天道無親常與善人家語作而能下人非此此從說苑皇覽凡太公金匱老子史記伯夷列傳後漢書郎顗傳均同戒之哉戒之哉說苑敬慎篇皇覽黃帝金人器銘及荀子皆本太公所述黃帝戒兼參王肅本家語觀周篇用考同異

馬總意林武王問五帝之戒可得聞乎太公曰黃帝云予在民上搖搖恐夕不至朝故金人三緘其口慎

言語也卽括上文

武王問師尙父曰五帝之戒可復得而聞乎御覽引太公金匱師尙父曰堯之居民上也意林作堯居民上振振如臨深淵治要作川舜之居民上兢兢藝文類聚引金匱作矜矜如履薄冰玉海引皇覽作慄慄如夕不見旦禹之居民上慄慄如恐不滿日治要引有日字湯之居民上翼翼治要作戰戰恐不見旦翼翼乎藝文類聚多乎字懼不敢息八句意林同惟少四之字玉海多四也字以上御覽四百五十九所引武王曰吾拜楊本作并殷民居其上也翼翼乎懼不敢息治要所引作翼翼懼不敢怠尙父曰德盛者守之以謙威强者守之以恭此亦老子所本武王曰如尙父言因是爲戒隨躬玉海引劉劭皇覽逸太公金匱楊愼以此爲金匱銘

道自微而生禍（藝文類聚引作福當從之）自微而成愼終與始完如金城（馬總意林引金匱按說苑言福生於微禍生于忽知當作福）武王曰吾欲造起居之誡隨之以身几之書曰安無忘危存無忘亡孰惟二者必後無凶杖之書曰輔人無苟扶人無咎（崔駰傳注引太公金匱）其冠銘曰寵以著首將身不正遺爲德咎書履曰行必慮正無懷僥倖（二句意林亦引）書劍曰常以服兵而行道德行則福廢則覆書車曰自致者急載人者緩取欲無度自致而反書鏡曰以鏡自照則知吉凶（案此與後文朱穆傳注銘鏡同而有脫誤）門之書曰敬遇賓客貴賤無二戶之書曰出畏之入懼之牖之書曰闚望省且念所

得思所忘鑰之書曰昏謹守深察謞硯之書曰石墨相著而黑邪心讒言無得汙白書鋒曰忍之須臾乃全汝軀書刀曰刀利磑磑無爲汝開（文選注云出六韜意林亦引鋒刀二銘）書井曰原泉滑滑連旱則絕取事有常賦斂有節（意林御覽引金匱）衣之銘曰桑蠶苦女工難得新捐故後必寒鏡銘曰以鏡自照見形容以人自照知吉凶觴銘曰樂極則悲沈湎致非社稷爲危（朱穆傳注引陰謀蔡邕以爲武王踐阼咨于太師作銘共十八章）無握鑿而附邸無舍本而逐（兵書作附一本作治）末日中必彗操刀必割（二句賈誼文引）執斧必伐日中不彗是謂失時操刀不割是謂失利（賈子引作之期）執斧不伐賊人將來涓涓不塞將

爲（賈子作成）江河滎滎不救炎炎奈（賈子作若）何兩葉不去（一本作毫毛不拔）將用（一本作尋）斧柯爲虺弗摧行將爲蛇（意林引六韜及六韜守上篇此以上全見兵書引黃帝巾几銘楊愼以爲太公兵法引黃帝）緜緜不絕蔓蔓奈（今本周書作蔓蔓若）何豪氂（今本作末）不伐（掇）將用斧柯（周書）前慮不定後有大患將奈之何（蘇秦引周書連上多此三句或以爲出太公陰符見杜牧孫子注王伯厚以爲兵法）

右第二篇

將欲敗之必姑輔之將欲取之必姑與之（戰國策魏策任章引周書）

得時無失時不再來天予不取反爲之災（越語引周書）

天與不取反受其咎（史記蕭何引周書）

毋爲權首將受其咎漢書引周書

欲起無先史記楚世家引周書

恃德者昌恃力者亡史記商鞅傳引周書

成功之下不可久處史記蔡澤傳引周書

安危在得令存亡在所用漢書主父偃引周書

必參五伍之史記引周書蒙恬宗沂案說文伍字下云相參伍也謂伍法什字下云相什保也謂什法

君憂臣勞主辱臣死文選注二十引周書

太公曰知與衆同者非人師也大知似狂不癡不狂其名不彰不狂不癡不能成事御覽七百三十九引周書

文王曰吾聞之無變古無易常無陰謀無擅制無更創爲此則不祥太公曰夫天下非常一人之天下也天下之國非常一人之國也莫常有之惟有道者取之[今本武弢天下者非一人之天下惟有道者處之]古之王者未使民民化未賞民民勸不知怒不知喜愉愉然其如赤子此古善爲政也

文王獨坐屏去左右深念遠慮召太公望曰帝[朱右曾云帝當爲商古文形相似]王[蓋謂紂]猛暴無文强梁好武侵淩諸侯苦勞天下百姓之怨心生矣其災[此下似有闕文]予奚行而得免于無道乎太公曰因其所爲且興其化上知天道中知人事下知地理乃可以有國焉[同上御覽八十四引周書今逸周書無之必出太公]

兵法中逸文蓋太公兵法昔人引之多通稱周書淮南子以六韜爲陰謀圖王之書此云無陰謀可信也大國不失其威小國不失其卑敵國不失其權距險伐夷并小奪亂征强攻弱而襲不正武之經也伐亂伐疾伐役武之順也賢者輔之亂者取之作者勸之急者沮之恐者懼之欲者趣之武之用也美男破老美女破舌當作后淫圖破國淫巧破時淫樂破正淫言破義武之毀也赦其食遂其眚撫其困助其囊武之間也餌敵以分而照其儲以伐輔德追時之權武之尚也春違其眾秋伐其穡夏取其麥冬寒其衣服春秋欲舒冬夏欲亟武之時也長勝短輕勝重直勝曲眾勝寡强勝弱飽勝饑肅

勝怒先勝後疾勝遲武之勝也追戎無恪窮寇不格力倦氣竭乃易克武之追也既勝人舉旗以號令命吏禁掠無敢侵暴爵位不謙田宅不虧各寧其親民服如化武之撫也百姓咸服偃兵興德夷厥險阻以毀其武四方畏服奄有天下武之定也（今本周書武稱篇）

開望曰土廣無守可襲代土狹無食可圍竭（漢書主父偃引二句）

二禍之來不稱之災天有四殃水旱饑荒其至無時非務積聚何以備之（逸周書）

右第三篇

上古王者之遣將也跪而推轂曰閫以內者寡人制之

閫以外者將軍制之軍功爵賞皆決於外歸而奏之史記馮唐傳摯虞以跪而推轂爲古兵書今本六韜立將篇以爲說

兵以仁舉則無不從得之以仁分則無不從悅蕭吉五行大義引兵書

將無謀則士卒憂將無慮則士卒去同上引

御覽引吳子逸文將無慮則謀士去將無勇則吏士

恐將遷怒則軍士懼本此

坎名大剛風乾名折風兌名小剛風艮名凶風坤名剛

風巽名小弱風震名嬰兒風離名大弱風引同上當係隋志太公兵法中語或單稱兵書蕭吉曰此兵家觀客主盛衰候風所從來也

又曰刑上風來坐者

急起行者急往(同上)

陽生甲子不足戌亥仍爲天門陰生甲午不足辰巳仍爲地戶陽界甲寅不足子丑仍爲鬼門陰界甲申不足午未仍爲人門陽盛甲辰卯爲之隔陰興甲戌酉爲之隔(同上引)

太公兵法曰武王問太公勝負何如太公對曰夫紂之行不由理積其酒池賦斂甚數百姓苦之(宋御覽六百二十七引)人主舉善則天應之以德惡則天應之以刑(同上引太公羣書治要引六韜襲之)

將謀欲密士卒欲一攻敵欲疾(御覽吳子逸文引軍志吳子曾傳左傳)

先人有奪人之心後人有待其衰允當則歸知難而退

有德不可敵逐寇如追逃以上左傳引軍志傳凡稱前志多屬逸周書或史佚則稱軍志者必太公也

將不仁則三軍不親將不勇則三軍不爲動通典引御覽作吳子蓋吳子所引者今本六弢奇兵篇改爲動作銳

右背山陵前左水澤史記引兵法與孫子不同杜牧孫子注引太公兵法軍必左水澤而右邱陵蓋括斯言知此引兵法屬太公也此之言背謂後也與前相對

武王伐殷兵至牧野晨舉脂燭推掩不備論衡引太公陰謀見藝文類聚及御覽三百十六

春爲牝陳弓爲前行夏爲方陳戟爲前行六月爲圓陳

通典作季夏矛為前行秋為牡陳劍為前行冬為伏陳楯為前行蕭吉五行大義引周書云此武備亦依五氣也知出兵法是謂五陳通典連上引多此一句近人采入逸周書月令逸文

春以長矛在前夏以大戟在前秋以弓弩在前冬以刀楯抱朴子作盾在前此行軍抱朴子四時應天之法也御覽三百三十九引六弢分為五選已見說苑所引知連上確係兵法又見抱朴子

從孤擊虛萬御覽引作高誤人無餘一女子當百丈夫抱朴子引太公兵法又相傳古遯甲書引此作黃石子足見黃石公記之果出太公兵法也

風鳴葉御覽作氣非者賊在十里鳴條者百里搖枝者四百里金器自鳴及焦器御覽作氣下無鳴字鳴者軍疲也氣如驚鹿敗軍氣也同上上

言風角下言雲祲

大師吹律合聲商則戰勝軍士強角則軍擾多變失士心宮則軍和士卒同心徵則將急數怒失士心羽則軍弱少威明鄭康成周禮春官注引兵書按隋以前人引太公兵法或曰兵書正義以爲武王出兵之書

右第四篇

國不可以從外治將孫子注作君不可以從中御通典引太公今六弢立將篇襲此二語以爲將荅君之詞賈林孫子注沿其誤

神農之教曰雖有石城千仞湯池百步帶甲百萬無粟弗能守也鼂錯引案應劭風俗通述孫子云金城湯池而無粟者太公墨翟弗能守之則知此爲太

漸西村舍

公書所有唐員半千亦引作軍志羣書治要所引虎韜亦述神農之禁也

國柄借人則失其威今本六韜守土篇作無借人國柄借人國柄則失其權淵乎無端孰知其源下為涓涓不塞六句天下非一人天下天下之天下也取天下者若逐野鹿而天下共分其肉同上引下五句今本武韜襲改之

昔柏皇氏栗陸氏驪連氏軒轅氏赫胥氏尊盧氏祝融氏此古之王者也未使民民化未賞民民勸北堂書鈔十五引此三句兩民字不重此皆古之善為政者也至於伏羲氏神農氏教化宋本化作民而不誅黃帝堯舜誅而不怒御覽七十六引六韜意林引後四句作太公曰伏羲神農教而不誅云云

聖人恭天靜地和神敬鬼意林

文王在岐羣書治要引多周字召太公曰吾地小奈何太公曰天下有粟賢者食之天下有民賢者收之屈一人下伸萬人上惟聖人能行之文選注引作屈一人之下伸萬人之上惟聖人能焉羣書治要引武弢多贅語蓋依此節而增衍成之也

文王曰君務舉賢不獲其功何也太公曰舉而不用是有求賢之名而無用賢之實也文王曰舉賢若何太公曰按賢察名選才考能名實俱得之也意林引六弢作六卷今本六弢本之衍爲舉賢篇

文王曰國君失民者何也太公曰不愼所與也君有六

守三寶六守者仁義忠信勇謀三寶者農工商六守長則君安三寶完則國昌（同上引今本六韜衍之爲六守篇）

崇侯虎曰今周伯昌懷仁而善謀冠雖敝禮加于首履雖新法以踐地（意林引作冠雖敝加于首履雖新履于地漢書儒林傳黄生曰冠雖敝必加于首履雖新必貫于足師古曰語見太公六韜御覽六百八十四引之同意林多二之字作加之于首云云）可及其未成而圖之（御覽六百九十七引六韜）軍中之事不聞君命皆由將出臨敵決戰無有二心（今六韜立將篇連上引）（意林

武王問太公曰吾欲令三軍親其將如父母攻城則爭先登野戰則爭先赴聞金聲而怒聞鼓聲而喜可乎太公曰作將冬日不服裘夏日不操扇天雨不張蓋幔出

隘塞過泥塗將先下步意林藝文類聚引無作二日字及幔先作必士卒皆定今本作軍皆定次將乃就舍炊者皆飽將乃敢食四句意林無藝文類聚有今本飽作熟乃敢作方就軍未舉火將不食今本作軍不舉火將亦不舉士非好死而樂傷其將知飢寒勞苦也意林引

用兵之害猶豫最大吳子引之赴之若驚用之若狂當之者破近之者亡使如疾雷不暇掩耳也同上引按今本六韜軍勢篇文義近古多見稱引此蓋括其一二精語

貧窮忿怒欲決其志者名曰必死之士辯言巧辭善毀譽者名曰間諜飛言之士同上引今本練士篇取一置一雜人贅壻云云乃秦漢人語也　意林所引乃因梁人子鈔惟九差一條不足據或參取唐時本也賞如高山罰如

深溪文選王仲宣從軍詩注引六弢

太公謂武王曰夫人皆有性趨舍不同喜怒不等文選盧子諒贈劉琨詩注引

太公謂武王曰聖人興兵爲天下除患去賊非利之也故役不再籍孫子引一舉而得文選四十三書注引

武王問太公曰殷已亡其三人今可伐乎太公曰臣聞之知天者不怨天知己者不怨人先謀後事者昌先事後謀者亡且天與不取反受其咎史記引二語時至不行反受其殃說苑引四語非時而生是爲妄成故夏條可結冬冰可釋藝文類聚引太公作折時難得而易失也意林引太公金匱云二卷

武王問太公今民吏未安賢者未定何以安之太公曰不須兵器可以守國耒耜是其弓弩鉏耙是其矛戟簦笠是其兜鍪钁斧是其攻具御覽三百十六引太公金匱今本六弢本此衍爲農器篇

武王伐殷出于河呂尚爲右類聚作後御覽無將以四十七艘舫踰類聚作船濟于河文選王仲宣從軍詩注引

武王東伐至于河上雨甚雷疾周公旦進曰天不祐周矣意者吾君德行未備百姓疾怨邪故天降吾災請還師太公曰不可武王與周公旦望紂紂陳引軍止之太公曰君何不弛也周公曰天時不順龜燋不兆占筮不

吉妖而不祥星變又凶固且待之何可驅也（王逸楚詞注引六弢）

武王問太公曰欲興兵深謀進必斬敵退必克全其略云何太公曰主以禮使將將以忠受命國有難君召將而詔曰見其虛則進見其實則避勿以三軍爲貴而輕敵勿以授命爲重而苟進勿以貴而賤人勿以獨見而違衆勿以辯士爲必然勿以謀簡於人勿以謀後於人士未坐勿坐士未食勿食寒暑必同敵可勝也（同上引犬弢今本龍弢立將篇襲之）

周初武王問太公曰敵人先至已據便地形勢又強則如之何對曰當示怯弱設伏佯走自投死地敵見之必

疾速而赴擾亂失次必離故所□入我此下有缺文或是疊下一伏字

伏兵齊起急擊前後衝其兩旁通典一百五十三

天下攘攘皆爲利往天下熙熙皆爲利來御覽引六韜

容容熙熙皆爲利謀熙熙攘攘皆爲利往同上引周書

車騎之將軍馬不具鞍勒不備者誅御覽引六韜

太公誓師後至者斬御覽引桓範要義史記司馬穰苴列傳軍法約期而後至者斬當本之太公

太公曰凡興師動衆陳兵天必見其雲氣示之以安危故勝敗可逆知也通典引

武王問太公曰貧富豈有命乎藝文類聚引成王問太公貧富豈有命乎將理

不得其意太公曰爲之不密密而不富者盜在其室武王曰何謂盜也公曰計之不熟一盜也收種不時二盜也取婦無能三盜也養女太多謂資贈多四盜也顏氏家訓盜作費棄事就酒五盜也衣服過度六盜也封藏不謹七盜也井灶不利八盜也舉息就禮九盜也無事然鐙十盜也如取之安得富哉武王曰善御覽四百八十五引六弢藝文節引顏氏同

武王平殷還問太公曰今民吏未安賢者未定何以安之太公曰無故無新如天如地御覽三百二十七引六弢得殷之財與殷之民共之則商得其賈農得其田也一目視則不明一耳聽則不聰一足步則不行選賢自代上下各得

其所同上引

武王問太公曰天下精神甚眾恐後復有試余者也何以待之師尚父曰請樹槐於王門內王路之石起畝社築垣牆祭以酒脯食以犧牲尊之曰社客有非常先與之語客有益者入無益者距歲告以水旱與其風雨澤流悉行除民所苦御覽五百三十二引太公金匱

武王勝殷召太公問曰今殷民不安其處奈何使天下安乎太公曰夫民之所利譬之如冬日之陽夏日之陰冬日之從陽夏日之從陰不召自來故生民之道先定其所利而民自至民有三幾不可數動動之有凶明賞

則不足不足則民怨生明罰則民懾畏民懾畏則變故出明察則民擾民擾則不安其處易以成變故明王之民不知所好不知所惡不知所從不知所去使民各安其所生而天下靜矣樂哉聖人與天下之人皆安樂也藝文類聚二十引六弢此句武王曰爲之奈何太公曰聖人守無窮之四字从藝文類聚補入府用無窮之財而天下仰之天下仰之而天下治矣神農之禁春夏之所生不傷不害謹修地利以成萬物無奪民之所利而農順其時矣任賢使能而官有材而賢者歸之矣故賞在於成民之生罰在於使人無罪是以賞罰施民而天下化矣羣書治要引六弢虎弢夫

殺一人而三軍不聞殺一人而民不知殺一人而千萬人不恐雖多殺之其將不重封一人而三軍不悅爵一人而萬人不勸賞一人而萬人不欣是爲賞無功貴無能也若此則三軍不爲使是失衆之紀也同上引武韜

右第五篇

安徐而靜柔節先定善與而不爭虛心平志待物以正今本文韜

武王問太公曰兵道何如太公曰凡兵之道莫過乎一一者能獨往獨來黃帝曰一者階於道機於神用之在於機顯之在於勢成之在於君故聖王號兵爲凶器不

得已而用之（下文今商王知存而不知亡一段似後人羼入故節去之）武王曰兩軍相遇彼不可來此不可往各設固備未敢先發我欲襲之不得其利爲之奈何太公曰外亂而內整示飢而實飽內精而外鈍一合一離一聚一散陰其謀密其機高其壘伏其銳士寂若無聲敵不知我所備欲其西襲其東武王曰敵知我情通我謀爲之奈何太公曰兵勝之術密察敵人之機而速乘其利復疾擊其不意（連上並今本文）

發兵道篇

天道無殃不可先倡人道無災不可先謀

全勝不鬥大兵無創

鷙鳥將擊卑飛斂翼猛獸將搏弭耳俯伏聖人將動必有愚色

凡謀之道周密爲寶連上在今本武弢

兵不兩勝亦不兩敗兵出踰境期不十日不有亡國必有破軍殺將　疑志不可以應敵孟氏孫子注引

將以誅大爲威以賞小爲明以罰審爲禁止而令行故殺一人而三軍震者殺之賞一人而萬民悅者賞之連上並今本龍弢

武王問太公曰攻伐之道奈何太公曰勢因於敵家之動變生於兩陳之間奇正發於無窮之源孟氏孫子注引故至

事不語用兵不言且事之至者其言不足聽也兵之用者其狀不定見也倏而往忽而來能獨專而不制者兵也聞則議見則圖知則困辯則危故善戰者不待張軍善除患者理於未生勝敵者勝於無形上戰無與戰故爭勝於白刃之前者非良將也（曹操孫子注引此二句前作先）設備於已失之後者非上聖也智與衆同非國師也（孟氏孫子注引）技與衆同非國工也事莫大於必克用莫大於玄默（賈林孫子注引）動莫大於不意謀莫大於不識（孟氏杜佑孫子注引大孟作神杜作善）夫先勝者先見弱於敵而後戰者也故士（古通事）半而功倍焉聖人徵於天地之動孰知其紀循陰陽之道而從

其候當天地盈縮因以為常物有死生因天地之形故曰未見形而戰雖眾必敗善戰者居之不撓見勝則起不勝則止故曰無恐懼無猶豫用兵之害猶豫最大三軍之災莫過狐疑（四句亦吳子引莫過作生於）善戰者見利不失遇時不疑失利後時反受其殃故智者從之而不失巧者一決而不猶豫是以疾雷不及掩耳（傅子意林引此句均作不暇隋唐作及與此同）迅電不及瞑目（杜佑作疾電陳皞孫子注作卒電瞑陳作瞬）赴之若驚用之若狂當之者破近之者亡孰能禦之夫將有所不言而守者神也有所不見而視者明也故知神明之道者野無橫敵對無立國武王曰善哉（今本六韜軍勢篇）

夫兩陳之間出甲陳兵縱（通典作從）卒亂行者所以（通典此下有多字）爲變也（今本龍韜孫子注所以一作欲以）

武王問太公曰律音之聲可以知三軍之消息勝負之決乎太公曰深哉王之問也夫律管十二其要有五音宮商角徵羽此眞正聲也萬代不易五行之神道之常也金木水火土各以其勝攻也古者三皇之世虛無之情以制剛強無有文字皆由五行五行之道天地自然六甲之分微妙之神其法以天清淨無陰雲風雨夜半遣輕騎往至敵人之壘去九百步外偏持律管當耳大呼驚之有聲應管其來甚微角聲應管當以白虎徵聲

應管當以玄武商聲應管當以朱雀羽聲應管當以勾陳五管聲盡不應者宮也當以靑龍原注其聲應乎角音之管是敵陳木神用事矣當以白虎方位日時勝之蓋角聲屬木白虎屬金以金能克木也餘倣此此五行之符佐勝之徵成敗之機武王曰善哉太公曰微妙之音皆在外候武王曰何以知之太公曰敵人驚動則聽之聞枹鼓之音者角也見火光者徵也聞金鐵矛戟之音者商也聞人嘯呼之音者羽也寂寞無聲者宮也此五音者聲色之符也今本六韜五音篇

武王問太公曰吾欲未戰先知敵人之强弱預見勝負之徵爲之奈何太公曰勝負之徵精神先見明將察之

其效在人謹候敵人出入進退察其動靜言語妖祥士卒所告凡三軍悅懌士卒畏法敬其將命相喜以破敵相陳以勇猛相賢以威武此强徵也三軍數驚士卒不齊相恐以强敵相語以不利耳目相屬妖言不止衆口相惑不畏法令不重其將此弱徵也三軍齊整陳勢以固深溝高壘又有大風甚雨之利三軍無故旌旗前指金鐸之聲揚以淸鼙鼓之聲宛以鳴此得神明之助大勝之徵也行陳不固旌旗亂而相遶逆大風甚雨之利士卒恐懼氣絕而不屬戎馬驚奔兵車折軸金鐸之聲下以濁鼙鼓之聲温（濕誤）之　此大敗之徵也凡攻城圍邑

城之氣色如死灰城可屠城之氣出而北城可克城之氣出而西城可降城之氣出而南城不可拔城之氣出而東城不可攻城之氣出而復入城主逃北城之氣出而覆我軍之上軍必病城之氣出高而無所止用兵長久凡攻城圍邑過旬不雷不雨必亟去之城必有大輔比所以知可攻而攻不可攻而止武王曰善哉今本六弢兵徵篇

刀子之神名曰脫光箭之神名續長弩之神名遠望藝文類聚六十引太公兵法

右第六篇

柔能制剛弱能制強柔者德也剛者賊也弱者人之助也强者怨之歸也故曰有德之君以所樂樂人無德之君以所樂樂身樂人者其樂長樂身者不久而亡舍近謀遠者勞而無功舍遠謀近者逸而有終逸政多忠臣勞政多亂人故曰務廣地者荒務廣德者强有其有者安貪人有者殘殘滅之政雖成必敗（後漢書光武帝詔引黃石公記按留侯傳明云黃石老人所授乃太公兵法此作黃石公記蓋新莽時所易之名也）當斷不斷反受其亂（後漢楊倫傳引之云黃石所誡史記以爲道家之言）臣與主同者亡（後漢書袁紹傳）軍無財士不來軍無賞士不往（四句亦見袁紹傳）故良餌之下

有懸魚重賞之下有勇夫藝文類聚引之作軍讖凡今本三略所引軍讖多出黃石公記中御覽三百七引下二句作香餌之下必有懸魚重賞之下必有死夫得道者昌失道者亡賈林孫子注引黃石公又張豫孫子注引作太公語道作士動為事機舒之彌四海卷之不盈懷柔而能剛則其國彌光弱而能強則其國彌章一簞之醪投之於河令士眾迎飲三軍為其死戰如風發攻如河決御覽引黃石公記偽三畧引之作軍讖

慮若源泉深不可測文選關中詩注引黃石公記敘將所以為威者號令也戰所以金勝者軍正也士所以輕戰者用兵也故戰如風發勇如河決眾可望而不可當可下而不可勝

也御覽二百七十一引黃石公記

使商人爲前兵者象白虎陳使羽人爲前兵者象玄武陳使徵人爲前兵者象朱雀陳使角人爲前兵者象青龍陳亦曰句始陳引同上　此即說苑引兵法所謂分爲五選異其旗章勿使冒亂之事

彼以直陳來者我以方陳應之方來銳應之銳來曲應之曲來圓應之圓來直應之直木方金銳火曲水圓土也各以能克者應勝之引同上　按通志略又有黃石公五壘之圖

右第七篇

太公兵法逸文一卷終

武侯八陳兵法輯略序

憶宗沂自弱冠時避寇輟舉業居深山中留意兵家言得栞本握機經而善之爲作注補圖及伍法凡三卷曰握機八陳心法自以爲有得桐城方存之先生及德清戴子高望丹徒莊中白棫吳縣石似梅師鑄遵義黎蒓齋庶昌皆嘗爲序跋以張之然握機託始風后其書出於天寶中竊疑睢陽張公及李郭諸名將何以不依用及推究久之而後灼見爲李筌之僞託卽其自爲之太白陰符經已可取證兵家固多僞書乃自握機出而八陳隱有志學八陳者得見握機而意盡以湘鄉曾文正

師之知兵而其初籌營制猶謂天地風雲龍虎鳥蛇爲陳式之盡善則僞書沿襲一二名言之亦足以動聽也余既幡然悟所學之非恐自誤誤人考核益加詳慎曾臨川李小湖師課試八陳圖說嘉余條舉所疑之得實目爲抱負非凡儔余因慨夫自來名臣碩輔得君行道無俟著書以傳後而其心力所注經營結撰必有不可泯沒者今隋志所錄武侯八陳圖之本既不傳不獲已而求諸壘石又不獲已而求諸兵書之可信者其皆出武侯所推演歟余不得而知也其不悖武侯而可以究諸實用歟余亦未敢遽定也他日者道出夔府謁武鄉

之廟登八陳之臺以觀所謂箕張翼舒者不傳之秘庸
或更有得焉師友期許之殷庶幾可以無負矣請拭目
俟之
光緒己卯季冬之月歙縣汪宗沂序於從容而任齋

武侯八陳兵法輯略一卷

歙縣汪宗沂仲伊學

諸葛壘南有亮所造八陳圖自壘南去聚石八行行閒相去二丈因曰八陳既成自今行師庶不覆敗八陳及壘皆圖兵勢行藏之權自後深識者所不能了酈道元水經注因曰八陳既成以下與荊州記同惟記末作見者莫能了

古魚復縣鹽井以西石磧平曠孔明積細石爲壘方可數百步壘西郭又聚石爲八行行八聚聚閒相去八尺行閒相去二丈許謂之八陳圖盛宏之荊州記案此所記陳後又別有一石壘當卽處實二壘之分耶

初諸葛亮造八陳圖於魚復平沙之上壘石爲八行行相去二丈溫見之謂此常山蛇勢也文武皆莫能識之晉書桓溫傳

八陳在夔州奉節縣西南七里寰宇記

案水經注荊州記或云南或云西劉禹錫亦言出市西據此則知近西南隅也下同

夔州瞿塘武編引多四字永安宮南一里渚下平磧上周回四百一十八丈中此句亦出武編有諸葛武侯八陳圖聚細石爲之各高五尺一本作丈廣十圍歷歷然棊布縱橫相當中間相去九尺正中開南北巷巷悉廣五尺凡六十四聚又有

二十四聚作兩層在其後每層各十二聚云云今考御覽玉海所引均無此數語似出後人所增益爰附於下方

或為人散亂及為夏水所沒至冬水退依然如故荊州圖副

武侯造八陳圖於魚復平沙之上吾嘗過之自山上俯視百餘丈凡八行為六十四蕝蕝正圓不見凸凹處又就視皆卵石漫漫不可辨節蘇軾文

案薛士龍謂八陳圖可見者三一沔陽高平舊壘一新都八陳鄉一即魚復江灘水上圖然高平遺略雖在薛己自云難識廣都土壘蔡季通亦謂其殘破不可考藍章訪武侯八陳遺蹟皆不可識惟魚復者如

故蓋他處皆附會舊壘惟此則武侯所自造精誠所注不可磨滅也抑亦以後世將有取用于斯圖而特留奇蹟以待有識歟又案廣都八陣益州記謂土城四門中起六十四魁八八爲行魁方一丈高三尺而觀物張行成自言假守廣漢令浧兵執旗立壘上數之其魁百有卄八兩陣俱立周圜四百七十二步

內精八陣之變外盡九成之宜然後可以用奇也傳子引兵法傳晉時人所引必武侯兵法也云內外者疑指虛實二壘而九成似指握奇言

先是陳勰爲文帝所待特有才用明解軍令帝爲晉王委任使典兵事及蜀破後令勰受諸葛亮圍陳用兵倚伏之法又甲乙校標幟之制勰悉闇練之晉書職官志

隆於是西渡溫水虜樹機能等以眾萬計或乘險以遏隆前或設伏以截隆依八陳圖作偏箱車地廣則鹿角車營路狹則為木屋施於車上且戰且前弓矢所及應弦而倒奇謀間發出敵不意晉書馬隆傳

按仲達案行武侯營壘歎為天下奇才本傳亦言推演古兵法作八陳圖而編集不及且謂將略非所長由司馬氏以八陳為秘笈但遣親信之臣習之故史官不敢著錄而後人易於作偽也然壘石長存陰謀果何益哉

後魏時柔然犯塞刁雍上表采諸葛八陳之法為平地

禦寇之方是時所制陣法十餘條有飛龍騰蛇魚麗之變太平御覽引北史

案飛龍乃變陣之一形而僞書誤以爲八陣中之一

八陣一曰方陣二曰圓陣三曰牡陣四曰牝陣五曰衝陣六曰輪陣七曰浮沮陣八曰雁行陣文選四十一五十六注引雜兵書李善隋唐間人疑所引郎隋志八陣圖中語也

案方陣乃八陣正形以下皆變陣也圓陣衝陣略見諸葛軍令中牝牡又見周書陣法

五八爲伍十伍爲隊一車凡二百五十隊餘奇爲握奇奇零之奇非機也故一軍以三千七百五十八爲奇兵隊七十

有五以爲中壘守地六千尺積尺得四里以中壘四面乘之一面得地三百步壘內有地三頃餘百八十步正門爲握奇大將軍居之六纛五麾金鼓府藏輜積皆中壘外餘八千七百五十八隊一百七十五分爲八陳八（通典太平御覽皆作六李筌之太白陰經作八）陳各有一千九十四人八陳各減一人以爲一陳之部署舉一軍則十軍可知（通典一百四十九引司馬穰苴御覽同唐李筌太白陰經部署篇握機外壘太白營均襲此文又推衍原注以爲握機文孫星衍以御覽所引注爲魏賈詡之注其注云凡兵者有四正四奇或合而爲一或離而爲八是曰八陳故曰以正合以奇勝也）

五人爲伍五（當作十作五。乃李筌說）伍爲隊萬二千五百人爲隊

二百五十十取三焉而爲奇其餘七以爲正四奇四正而八陳生焉（王應麟玉海兵制據蘇軾所引司馬法亦僞書所本）

案古書不言穰苴有八陳惟孫子八陳有苹車之陳見周官鄭注孫吳有六十四陳見後漢志則此當是武侯八陳之隊伍法也

陳數有九中心有零者大將握之不動以制四面八陳而取準則焉其八之列面面相向背背相承也（杜牧孫子注引此以爲八陳遺制）

陳閒容陳足曳白刃（此二句杜注又引作戰法）隊閒容隊可與敵對前禦其前後當其後左防其左右防其右行必魚貫立

必雁行八陳中有雁行陳見上文長以參短短以參長回軍轉陳以前爲後以後爲前進無奔迸退無遽走四頭八尾觸處爲首敵衝其中兩頭俱救杜牧孫子注引軍志張預孫子注引後數語作八陳圖當是武侯兵法遺文而阮逸僞託李衞公問對取本文及杜牧注雜綴之以爲衞公語其誣罔八陳也甚矣

案杜牧曰此亦與曲禮之說同謂朱雀招搖等五陳數起於五而終於八今夔州州前諸葛武侯以石縱橫八行布爲方陳奇正之生皆出於此奇亦爲正之正正亦爲奇之奇彼此相用循環無窮也諸葛出斜谷以兵少但能正用六數此似指前握機壘六陳而言然則通典作六陳殆未誤也今盩厔司竹園乃有舊壘司馬懿以十萬步騎不敢決戰蓋

深知其能也據此知陳閒容陳以下八十四字確係
諸葛八陳之原文兵家言陳以束伍爲上也
若賊騎來至徒行以戰者陟嶺不便宜以車蒙陳而待
之地狹者以鋸齒見尉繚子而待之北堂書鈔引諸葛集賊騎來教
連衡之陳以狹而厚令騎不得與相離遠又引軍令敵以已同
來進鹿角兵悉卻在連衡後敵已附鹿角兵但得進踞
以矛戟刺之不得起住起住防弩壞引同上
五鬪鼓音舉黃帛兩半幡合旗爲三面圓陳御覽引諸葛軍令
選三部司馬皆限力舉二百斤以上前驅司馬取便大
戟由基司馬取能挽一石七斛以上弓兩頭進戰視麾

所指聞三金音止二金音還同上

軍列營步騎士以下皆著兜鍪帳下及右陳各持彭排馬槍也古曰大櫓一名儲胥同上

案此武侯用八陳之變法蓋八陳首圖爲方形而其施之於用必以圓其云三面圓陳者前陳及左右二陳俱變也云兩頭進戰者以兩軍左右分攻中軍司其進止也

四爲正四爲奇餘奇爲握奇杜注所引下云音機或總稱之四字非正文

先出遊軍定兩端杜牧孫子注引風后握奇文以爲可信者止此其餘之詞乃後之作者增加之以重難其事耳即此可見李筌作僞在唐人固已知之

案此卽諸葛兵法之文也此外尚有虛實二壘依孫子八陣三十二壘圖其託風后以兵家相傳有風后五陳旗法也

風后曰予告女帝之五旗東方法青龍曰旗南方法赤鳥曰旐西方法白虎曰旟北方法元武曰旂中央法黃龍曰常御覽引河圖其旗物同周官其言風后亦假託恐卽出八陣圖

案八陳古法由五陳而來五陳正所以行八陳也車僕掌五萃而萃車正在孫子八陳中魏舒毀車崇卒亦用五數皆可證也

唐制又有仲冬講武教戰隊之法東軍一鼓舉青旗爲

直陳西軍亦鼓舉白旗爲方陳以應之次南軍亦鼓舉赤旗爲銳陳東軍亦鼓舉黑旗爲曲陳以應之次東軍鼓而舉黃旗爲圓陳西軍亦鼓而舉青旗爲直陳以應之次西軍鼓而舉白旗爲方陳東軍亦鼓而舉赤旗爲銳陳以應之次東軍鼓而舉黑旗爲曲陳西軍亦鼓而舉黃旗爲圓陳以應之凡軍先舉者爲客後舉者爲主從五行相勝之法爲陳以應之每變陳二軍各選刀楯士五十八挑戰每將變陳先鼓而爲直陳然後變從餘陳之法五陳畢兩軍俱爲直陳通典

案此方圓曲直銳五形本之周制李靖謂實因地形

使然武經總要以五陳詁八陳謂方陳卽八陳總圖
可用以守圓陳八面皆對敵無空闕曲陳右軍在前
右左軍在前左前張兩翼直陳以前軍居中左右并
列而戰鋭陳左右二軍在前後左右三陳軍皆在陳
後奇兵列隊又在外

武侯八陳兵法輯略一卷

用陳雜錄

握奇經最晚出自漢訖隋不著錄惟唐獨孤及作風后八陳圖記與此書一一脗合夫風后八陳未見前聞獨孤及何據而作記其作記也據握奇已行之本也且記中明言之矣曰天寶中客有爲韜鈐者得其遺制於黃帝書之外篇裂素而圖之正謂李筌也筌生天寶時以少室山布衣談兵千世始僞託握機欲上於朝未果其自爲之書有太白陰經其託爲者又有黃帝陰符與此書假託風后同一例陰符之僞宋人知之握奇之僞宋人昧之由有八陳爲之前也

明唐順之武編引宋神宗之言曰今之論兵者皆以李筌陰經陳圖爲法妄相眩惑無一可取如其說須兩敵相遇遣使預約戰日得一寬平之野夷阜塞竈伐草誅茅如射圃教場方可盡其法其不可用決矣然宋朝士所演握奇陳圖一首郎上於其時夫豈知斯圖之正本於李筌耶

李燾長編太平興國四年契丹入寇鎮州都鈐轄劉延翰帥衆禦之先是上以陳圖示諸將俾分爲八陳至是虜騎坌至趙延進乘高望之東西亘野不見其尾翰等方按圖布陳相去數百步延進謂翰等曰今虜騎若此

而我師星布彼若乘我將何以濟不若合而擊之李繼隆亦曰兵貴通變安可預料於是分二陳前後相副大破之此臨陳不泥用八陳而勝者也

元豐三年趙卨言今欲大閱漢蕃陳隊且以萬二千五百人爲法旌旗麾幟各隨方色其八隊旗別繪天地風雲龍虎鳥蛇樞密院言陳隊旗號各繪八物慮士難辨識且其閒亦有無形可繪者云云此言足正庸將之信僞矣

郭逵慷慨喜兵學神宗嘗訪八陳遺法對曰兵無常形是特奇正相生之一法耳因爲帝論其詳在延安使以

敎兵久不就逹擇諸校習金鼓屯營六十四人使一人敎一隊頃刻而成尤善用偏裨每至所部令人自言所能暇日閱按之故臨陳皆盡其技

明靖遠伯王驥沈靜有大畧嘗閱師覆舟山北問將校曰部伍行列若何曰隊各五十人爲一字聞鼓則變爲方圓斜直之勢驥笑曰此何以約束兵五人爲伍必一人居中執旗四人立四面從其進止赴敵則相顧應四人死中一人不得獨生由五人至二十五人爲一隊最中一人執旗稍大以令其四面又倍而成五爲百廿五人再倍爲二百五十人爲一營左右前後相應而聽於

中以半分寄四隅與中爲游擊出奇而正兵堅駐不動又以五營如前法分布聽令於主將其下由伍而隊而營各有一人爲中以將令令衆如是豈有紀律不嚴約束不齊而功可成哉 武編

曾文正公與王璞山書曰陳法原無一定然以一隊言之則以鴛鴦三才二陳爲要以一營言之則一正兩奇一接應一設伏四者斷不可缺一此外聽足下自爲變化將多人以禦劇寇斷不可無陳法也　又云陳法初無定式然總以握奇經之天地風雲龍虎鳥蛇爲極善茲定以五百人定爲四面相應之陳以爲凡各陳法之

根本各營均須遵照茲附去一紙其每隊之鴛鴦陳三才陳前已刻式茲亦附去一紙

初定營規云出隊要分三大支臨時再多分幾小支凡有房屋之處須分一支以防埋伏小山之後須分一支樹林之中須分一支、又云前隊用好手五百以備衝鋒後隊要好手五百以備救敗中隊大隊略弱些也不妨前隊若小挫後隊好手出去救敗前隊若得勝後隊好手不動專等收隊時在稍尾行走

陸軍得勝歌云出隊要分三大支中間一支且紥住左右兩支先出去另把一支打接應再要一支埋伏定隊

伍排在山坡上營官四處好瞭望看他那邊是來路看
他那邊是去向看他那路有伏兵看他那路有強將那
處來的眞賊頭那邊做的假模樣件件看淸件件說說
得人人都膽壯他吶喊來我不喊他放鎗來我不放他
若撲來我不動待他疲了再接仗起手要陰後要陽出
隊要弱收隊強初交手時如老鼠越打越強如老虎打
散賊匪四山逃追賊專從兩邊抄逢屋逢山搜埋伏隊
伍切莫亂分毫
日記云窄路打勝仗全係頭敵數人若頭敵站不住後
面雖有好手亦被人擠退了

胡文忠致鮑春霆書論募兵曰假如五百人六百人之營放哨官五人副哨五人既已精選哨官矣哨官又各選十長可信者十人十長管十人只要同隊有可信者二人則其餘六人均不能跑何也出隊不過六七成爲定一隊不過六七人有三人膽大則其四人不能不同行即有退縮一查而知打三五仗之後膽小者亦變爲膽大矣總之治兵在提綱領三字而已擇營官擇哨官又擇什長則萬無不勝之理

又扎云照得本營抬槍鳥槍與刀矛分隊相閒而行是長短相兼奇正互應之法至李道湘營陣法則第一隊

至十六隊均是槍礮與刀矛相兼雖悍賊四面攻襲而我兵可以常勝本部院心以爲然改而師之該游擊擬抬槍百八爲一隊鳥槍百八爲一隊反復思之仍不如師法李道章程分哨分隊刀矛夾護爲穩假如臨陳之時或賊分五路而來則我分五哨以應之哨中各有抬槍鳥槍刀矛或追賊之時零星四散亦不能不分哨以追之則各哨皆有抬槍鳥槍刀矛相護乃合長短兼用之法又如一營深入賊中賊衆三面抄襲則各哨分三面抵禦各有槍礮刀矛較爲得力

又與左京卿書丈之所長在遠謀大略一旅之政不足

談然治軍必從十長百長營官起基專意此五十餘人乃有實際而實則只須專意營官一人耳又與葉介唐書云營官哨官十長均須久經戰陣實有成效可考者乃可備選蓋營官不得人則一營皆爲廢物哨官不得人則一哨皆爲廢物十長不得人則十人皆爲廢物濫取充數有兵如無兵也

又論練勇云標式以選精銳不可專用火器也宜長短相間長兵者鎗礮弓箭是也短兵者刀矛鑲棍是也杈世人心怯懦偏重火器謂可殺賊於百步之外無跳蕩搏擊之危非特賊刃難加我身并賊血亦不得污我衣

且隱計於百步內外開礟若見勢頭不好棄鎗礟逃去賊追不及何便如之兵因火器强亦因火器弱誠然誠然昔冉子用矛入齊師孔子稱其義爲其奮勇直前舍生以合事宜也烏枝鳴用劍敗華氏謂用少莫如齊致死齊致死莫如去備此二事乃兵家不傳之秘後世得其秘者岳忠武之背嵬軍五百人本朝岳威信之馬兵三十六人楊昭武長鎗手百人皆是也

後序

近人有爲西國練兵說者曰其用騎兵也進則居前退則殿後未陳爲衝突之需既戰爲夾擊之用其演法始成一隊繼分兩翼其用步兵也礮隊在前槍隊在後刀附於槍不設別隊初戰尙遠先以礮漸近以槍再近則手槍逼近則刀刺其演法一日兩次七日一息專習步驟間演手法不加火藥加火藥歲止數次若新募之勇先令排班齊立教以前後左右旋轉方向無有先後然後教以步伐腳必相同步必有準步法熟乃教以陳法一行變兩兩行變四反本還原復合爲一其最佳者爲

方陳外密如墻內施火槍利於平原曠野以拒馬隊騎兵遇之輒失利此其說之大凡也嗟乎古法八陳之廢於唐宋也人人皆以為不可行也然西人固已行之矣且行之得效而談時務者目為西法不復深究其由來然亦幸陳圖多偽託西人得其觕而不盡得其精故倉猝遇大陳馬隊之包抄而不易退出也能野戰制勝而攻城專恃火器不克捷登猛進也其駐隊縱能堅忍而以樹林隱翳之礮隊擊而摧之有餘也且貪用大眾散住民房以擾民及其陳而後戰但能恃眾淩少不能出偏師以用奇也然得古法之一二即可以練兵蓄銳則

又因以知實用之勝於空談萬萬也故端居發憤而述爲此篇韜廬子跋

衛公兵法輯本凡三卷歙縣汪子宗沂合唐杜佑通典杜牧孫子注宋太平御覽武經總要明唐順之武編諸書所引逸文參互輯錄區爲上中下三篇曰將務兵謀曰部伍營陳曰攻守戰具其子目則依原文附注篇下又爲李衞公傳考證詳求其用兵事實以附之藁經數易然後乃敢定著於篇蓋輯書若斯之難也而兵家之言係萬衆生死尤不可以苟且從事也有宋之初纂御覽也其援引書目卽有衞公兵法矣曾公亮等編武經總要亦多引唐李靖兵法矣及熙甯閒嘗詔樞密院檢詳官與王震等校正通典所紀唐李靖兵法分類解釋

令可施行而未立學官未見書目當由書未編成元豐之武經七書竟以阮逸僞託之李衛公問對備其數其時如蘇軾何遠邵博吳曾陳師道之儔皆稔知爲僞書晁公武陳振孫之釋書目亦確指問對一書出於阮逸家惟馬端臨通考疑此卽熙甯所定之本不知阮逸僞撰與樞密詳正本出二事觀熙甯校試七軍營陳但據通典所引衛公營陳法而重校之知校正別本初未就阮逸欲自伸其談兵之議論假衛公以徼名初非因通典而有所附益也而唐人李筌私撰太白陰經多取衛公兵法不加判別欲乾沒入已通典稱引亦非一例故

或云衞公兵法或云大唐衞公李靖兵法且有係兵法而未經注明者離析譌舛在所不免然猶幸有此二書之存故李筌雖善於售欺亦不能盡掩其勦襲衞公之迹如衞公軍令戰敵失主將隨從皆斬而筌改作失三將者斬隨從者不坐攻城軸轉車七衢筌書注云衢疑作衝御覽因改衝其鑿門地聽據衞公本改正筌說未幔下又援筌書使趫卒蔽之一語以爲證是不特以通典所取之攻守水陸戰具諸篇爲出自衞公而引作通典衞公兵法攻城戰具篇並以衞公兵法爲李筌書所自出而資之印證以是知衞公兵法單行之本宋初嘗

尙有存者武經總要所引字句多同御覽可證也觀通
典敘兵但述衛公以下諸卿相率兵之功烈而不及李
筌所取筌書攻守篇中自爲之語皆分注於兵法下不
闌入正文其取五火之具不借火杏並列可知明烽燧
審斥候立障塞備不虞皆大將開邊之所有事於衛公
爲宜有不得謂闕出李筌也卽造舟楫習水戰亦衛公
從伐蕭銑大造舟艦時之實用也因是知宋史稱衛公
所著兵法無完書非無完書也以經李筌紊亂之所致
而御覽所據單行本初未刊行故至元豐閒已不傳也
且兵事必由閱歷非可空談如衛公者夙精兵略參孫

子吳起而大其用本太公尉繚而善其術乃猶韜晦浮沈不輕一試直至出入將相宣威沙漠成就功名方著爲書史傳頌其臨機果料敵明根於忠智而止可謂得實矣而當世庸俗之士震其重名疑於風角雲祲別有祕傳反視此平實精確之兵法爲不足措意不知兵危事也當以穩著出之又陰謀也當以正道行之公之言兵正而不詭宜可承用於後世即云書缺不完與其因彼妄作之僞文不如存此不備之眞本也況李筌阮逸二子於兵事從未著效未諳甘苦又好造僞書以欺世逸之作僞有元經有關子明易傳筌之作僞有陰符經

又有握機經而阮逸問對卽承言握機八陳奇正明何良臣以其論奇正說數更意數變而疑之謂談兵之雄非用兵之傑其敗闕固已顯著矣綜而論之筌之竊衛公書入已書較逸之以己書冒衛公者居心尤險而隱後之言兵不爲筌逸所淆惑者曾有幾人哉近儒陸世儀思辨錄謂旗鼓步伐今古皆不可廢戚繼光紀效新書詳於法制源出通典衛公緒論欲編輯之以與司馬法並重而未果今宗沂之所輯固得竟陸子之所欲爲矣於衛公之所以張中國制四夷者亦得其略矣特今昔異宜器械殊制謂可循習沿用斯泥古之說也謂不

可循習沿用又趨時之說也存古人之眞而神明其意
以參觀於行陣部伍之全則是書又安可輕廢也哉光
緒十四年冬十一月歙汪宗沂自敘二十年秋校定

衞公兵法輯本凡例

一本非衞公兵法而他書誤注者當去之如御覽凡敵有不卜而與戰云云係通典節引吳子玉海述通典引吳子亦同武經總要引之亦在吳起曰後

一諸每隊給一旗前後複出各有意義當並錄之

一陰經軍令全依此書凡兵法之因事當斬未列入軍令一處者即未及即此可知其襲取

一通典敎戰之法李筌改取敎法令一節以下取之不盡其取王琚敎弩法入已書似同此例蓋多乾沒古人法以爲已書當分別標出之

一凡兵法之逸在通典而未注亦不見他書注明者無憑取信姑從闕如若風雲氣候之屬是也

一所據通典乃宋嶺南王文炳刊本及武英殿本凡崇仁謝本譌脫字多從校定因以知唐順之武編所引本之善

一原注有引古書而略其名如商子六發之屬亦見李筌書今仍之

一宋曾公亮武經總要所取唐李靖兵法多從檃括雖非全引亦有異同以其書出北宋人閒亦取校一二用資考證

一張預孫子注所引衞公兵法多出問對僞書預本南宋人所稱引自非原本故不採及

一漢書藝文志孫武子八十二篇今存內篇十三吳起兵法六篇至宋多所闕亡尉繚子三十一篇至隋逸其七司馬法散逸尤甚然尚傳習至今蓋兵家言傳者隱祕恆多逸文今編輯衞公兵法乃較吳子司馬法殆有過之讀者勿以其非完書而不加討究也

衛公兵法輯本卷之上

唐尚書右僕射贈司徒使持節都督并汾箕嵐四州諸軍事特進開府儀同三司上柱國衛國景武公李靖撰

將務兵謀

夫將之上務在於明察而眾和謀深而慮遠審於天時稽乎人理若不料其能不達權變及臨機付（當作赴或是對字之譌）敵方始趦趄左顧右盼計無所出信任過說一彼一此進退狐疑部伍狼籍何異趣蒼生而赴湯火驅牛羊而啗狼虎者乎（杜牧孫子注第四形篇引○將務○此極言庸將之害以明為將之方也）

用兵上神，戰貴其速。簡練士卒，申明號令，曉其目以麾幟，習其耳以鼓金，嚴賞罰以戒（王本今本作誡）之，重芻豢以養之，浚溝壑（王本他本作塹）以防之，指山川以導之，召才能以任之，述奇正以教之（按奇正之說詳見孫子，此但述古，如知問對妄言奇正，必非出衞公也）。此則雖敵人有雷電之疾，而我亦（杜牧孫子注作則，何氏同）有所待（御覽作恃）也。若兵無先備，則不應卒，卒不應，則失於機，失於機則後於事，後於事則不制勝而軍覆矣。故呂氏春秋云：凡兵者欲急（武編作爭）捷，所以一決取勝，不可久而用之矣。或曰：兵之情雖（御覽作唯）主速，乘人之不及（語出孫子），然敵將多謀，戎卒欲（王本多欲字）輯，令行禁止，兵利甲堅，氣銳而嚴力全而勁豈可速而（王本多而字）犯之耶答曰若此則當卷迹藏聲蓄盈待竭避其鋒勢與之持久安可犯之哉廉頗之拒白起守而不戰宣王之抗武侯抑而不進是也

通典一百五十四○兵機務速○杜牧孫子注十一九地篇御覽二百九十二○按孫子言少則能逃之不若則能避之宗汝霖以計敗御金人念敵衆十倍我今一戰而退勢必速來使悉其鐵騎夜襲吾軍則危矣乃暮徙其軍金人果夜至得空營大驚自是憚公不敢犯忠簡此舉深合兵機惜乎湘鄉李忠武公之不知出此也毋亦有恃勢而陰沮之者耶

夫決勝之策者在乎察將之材能審（一本作察）敵之彊弱斷（御覽作料）地之形勢觀時之宜利先勝而後戰（語出孫子）守地而（御覽脫此字）不失是謂必勝之道也若上驕下怨可離而間

營久卒疲可掩而襲昧迷去（二字謝本倒）就士眾猜嫌可振（同震）而走重進輕退遇逢險阻可邀而取若敵人旌旗屢動士馬屢顧其卒或縱或（通典脫或字從御覽補）横其吏或行或止追北恐不利見利恐不獲涉長途而未息入險地而不疑勁風劇寒剖冰濟水烈景炎熱倍道兼行陣而未定合（御覽作舍）而未畢若此之勢乘而擊之此為（為御覽作所謂）天贊我也豈有不勝哉（御覽哉作乎○通典二百五十御覽三百二十二○決勝○按尉繚子善用兵者能奪人而不奪於人此節本其意）

若（御覽若上有或字）軍有賢智而不能用者敗上下不（御覽脫不字）相親而各逞（王本多逞字）已長者敗賞罰不當而眾多怨言

者敗知而不敢擊不知而擊御覽多之字者敗地利不得而卒多戰𢓴王本今本作阢者敗勞逸無辨不曉車騎之用者敗覘候不審而輕敵懈怠者敗行於絕險而不知深溝絕澗者敗陣無選鋒而奇正不分者敗此亦以奇正說陣仍本之孫子八陣非若僞書問對之援握機也凡此十敗非天之殃將之過也夫兵者備十御覽作千日而不用不可一日御覽作時而不勝故白起對秦王曰明王愛其國忠臣愛其身臣備伏其重誅而御覽無而字不忍爲辱君王本今本作軍之將又嚴顏謂張飛曰卿等無狀侵奪我州有斷頭將軍無降將軍也故二將威重通典作盡此從御覽其名節備殿本闕就死而不求生者蓋知敗衂

之恥斯誠甚矣（通典三百五十〇御覽三百二十三〇審敗）

又曰（御覽有）凡與敵相逢持軍相守欲知彼算將揣其謀則如之何對曰士馬驍雄示我以羸弱陣伍齊肅示我以不戰見小利佯為不敢爭伏奇兵故誘以奔北內實嚴警（總要作備）外為弛慢恣行閒諜託以忠告或執使以相忿或厚賄（據御覽總要作賂宋本作後敗）以相悅移師（總要作軍）則減竈合營則偃旗智足以及謀勇足以及怒非得地而不舍非全軍（武編作事）而不侵以多擊（總要作舉）少必取於晨朝以寡擊眾必候（御覽同謝本作侯）於日暮如此則兵多詭伏（御覽作狀）將有深謀（據御覽總要作圖）理須曲為防慎（總要作備）不可失（御覽作入武編同）

其規畫故傳曰見可而（御覽同謝本作則）進知難而退軍之善政也但敵國（御覽作固）無小蜂蠆有毒且鳥窮則啄獸窮猶（一本作則）觸者皆自衛其生命而求免於禍難也若困而不鬪乃智不逮於鳥獸其將能乎（據御覽武編作能將）必須料敵制勝戒於小利然後可立大功矣或又問曰所謂料敵者何對曰（御覽曰下有凡字）料敵者料其彼我之形定乎得失之計始可兵出而決於勝負矣當料彼將吏孰與己和主客（御覽作客主）孰與己逸排甲孰與己堅器械孰與己利教練孰與己明地勢（御覽作形）孰與己險城池孰與己固騎畜孰與己多糧儲孰與己廣功巧孰與己能秣飼孰與己

豐資貨謝本誤蓄孰與己富以此揣而料之焉有不保其勝哉夫軍無小聽聽必審也戰無小利利必大也審聽之道詐亦受之實亦受之巧亦受之拙亦受之其詐而似實亦受之初刻誤脫以上十六字今補入其實而似詐亦受之但當明聽其實參會衆情徐思其驗鍛鍊而用御覽作使不得逆詐自聽武編作用挫折愚人之詞又不得聽庸人之說稱敵寡弱輕侮衆心而不料其虛從御覽補實又不得受敵人以小利餌我勇士輒掠財畜獲其首級將聞不斷而重賞之忽敵無備必為所敗揣敵之術亦易知矣若辭怒而不戰者待其援也杖而立汲而先飲者倍程遁速謝本作迫饑

渴之兼也夫欲行無窮之勢圖不測之利其事煩多略陳梗概而已若遇小寇而有不可擊者為其將智而謀深士勇而軍整鋒甲堅銳而地險騎畜肥逸而令行如此則士蓄必死之心將懷擒敵之計此當固而待之未得輕而犯也如逢大敵而必鬬也者（御覽脱者字）彼將愚昧而政令不行士馬雖多而眾心不一鋒甲雖廣而眾（御覽作兵）力不堅居地無固而糧運不繼（王本作斷）卒無攻（御覽作決）戰之志旁無車馬之援此可襲而取之抑又聞之統戎行師攻城野戰當須料敵然後縱兵夫為將能識此之機變知彼之物情亦何慮功不逮鬬不勝哉（通典原注備公兵法悉出）

孫子姊本已具不復更出按據此則衛公書以與孫子符合而爲杜氏所刪除者亦多矣惜原本已佚無可校補

敵有十五形可擊（武經總要引太公亦謂用兵之法大法在審察敵人其形之變十有五變）新集（敵始至行陣未整）未食（雖已結陣須饋食也總要作日高未饋食）不順（逆風向月建）後至（敵後來不得山川地勢利）奔走（行軍失次用力未齊陣布不均）不戒（我示弱誘敵敵不設備）動勞（倍道兼行人馬未息衣甲馳路雖陣不整）將離（大將已去獨任小吏素不威服）長路（趨戰爭利日夜不息）候濟（半渡疾擊）不暇（貪利求勝不暇盡陣）險路（山路險狹泥濘阻狹車馬單行左右難振救）擾亂（行列失序進退不齊縱不相連橫不相對或坐或立）驚怖（卒阤路相逢都無備擬鼓噪掩擊三軍震慴）不定（陣數移動入馬數顧）

師有十過。勇而輕死（可暴）貪而好利（可遺）仁而不忍（可勞）知而心怯（可窘）信而喜信人（可誑）廉潔而愛人（可侮）慢而心緩（可襲）剛而（王本作毅）自用懦志多疑（可惑）急而心速（可久通典一百五十○御覽二百九十一料敵制勝）凡事有形同而勢異者亦有勢同而形別者若順其可則一舉而功濟如從未可則擊（御覽作墼）動而必敗故孫臏曰計者因其勢而利導之兵法曰百里而趨利者（戰國策孫臏引孫子）則蹶上將五十里而趨利者軍（同上）半至善動敵者形之而敵從之與之而敵取之以奇動之以正待之此戰勢之要術也若我士卒已（御覽作以下同）齊法令已行奇正已設置陣已定誓眾已畢上下已怒天時已應地利已

據鼓角已震風勢已（王本作乃）順敵人雖眾其奈我哉譬虎之有牙兕之有角身不蔽捍手無寸刃而欲搏之勢不可觸其亦明矣故兵有三勢一曰氣勢二曰地勢三曰因勢若將勇輕敵士卒樂戰三軍之眾志厲青雲氣等飄風聲如雷霆（王本作電）此所謂氣勢也若關山狹路大阜深澗龍蛇盤（御覽作蟠）陰羊腸狗門一夫守險（張預孫子注引作之）千人不過此所謂地勢也若因敵怠慢勞役饑渴風浪驚擾將吏縱橫前營未舍後軍半濟此所謂因勢也若遇此勢當時潛我形出其不意用奇設伏乘勢取之矣是以良將用兵審其（御覽作於）機勢而用兵氣仍須鼓而怒之

感而勇之賞而勸之激而揚之若鷙鳥之攫猛獸之搏必修其牙距度力而下遠則氣衰而不及近則形見而不得故良將之戰必整其三軍礪其鋒甲設其奇伏量其形勢遠則力疲而不及近則敵知而不應若不通此機乃智不及於鳥獸亦何能取勝於勍寇乎乃（仍字之誤）須怒士厲眾使知（王本今作之）奮勇故能無強陣於前無堅城於外以弱勝強必因（御覽作自）勢也（審敵勢破之○通典一百五十八○御覽三百一十三　決戰　按武經總要軍爭云凡糧道易絕雖有大利不宜深入不得遠追）

凡是賊徒好相掩襲須擇勇敢之夫選明察之士兼使鄉導潛歷山原（杜牧孫子注作林）密其聲晦其跡或刻爲獸足

御覽作疏而印御覽武編同一作密履於中途或上託王本今作冠微禽而
幽伏於叢薄然後傾耳以遙杜牧作遠聽竦目而深視專智
以度事機注心而候杜牧作覘氣色見水痕則可以杜牧無此二字
測杜牧作知敵濟之早晚觀樹動則可以杜牧無此二字辨來寇之
驅馳也故煙火莫若謹而審旌旗莫若齊而一爵賞必
重而不欺刑戮必嚴而不捨御覽作止敵之動靜而我有備也敵
之機謀而我先知也杜牧孫子注引止此與通典略殊必有其備彼之去就而我
必審其機四字據御覽豈不得保其全哉通典注必須先覘敵國道路遠近水
潦山川谿谷險阨城邑大小溝渠深淺蓄積多少兵革之數豪傑姓名審而知之用兵之要也○通典一百五
十七杜牧孫子注第七軍爭御覽三百零二同○鄉導

軍志云失地之利士卒迷惑三軍困敗饑飽勞逸地利爲寶不其然矣是以彼此俱利之地則讓而設伏趨其所愛而傍襲之彼此不利之地則引而佯去待其半出而邀擊之平易之所則率騎而與陣險隘之處則勵步以及徒往易歸難左險右阻沮洳幽穢坦埳溝瀆此車之害地也有入無出長驅迴驅大阜深谷洿泥塹澤此騎之敗地也候覘相及限壑分川斯可以縱弓弩聲塵相接深林盛薄斯可以奮矛鋋蘆葦深草則必用風火蔣潢翳謝本作潢翳誤此校正依孫子注引通典薈則必率一本作索字其伏平坦則方布污斜則圓形左右俱高則張翼後高前下則

銳衝凡戰之道以地形爲主虛實爲佐變化爲輔不可專守險以求勝也仍須節之以金鼓變之以權宜用逸待勞掩遲爲疾不明地利其敗不旋踵矣（以下杜牧引孫子注）或有進師（杜牧作軍）行軍（杜牧作師）不因鄉導陷於危敗爲敵所制左谷右山束馬懸車之逕前窮後絶鴈行魚貫之巖（杜牧作嚴）兵陣未整而强敵忽臨進無所（殿本有所字）憑退無所固求戰不得自守莫安住（杜牧作駐）則日月稽留動則首尾受敵野無水草軍乏資糧馬困人疲知（杜牧作智）窮力極（杜牧引武編同謬本誤竭）一人守隘萬夫莫向如彼要害敵先（杜牧作皆）據之如此之利我已知（杜牧作失武編同）守縱有驍兵利器亦何以

施其用杜牧有乎字事至於此可不慎之哉二句杜牧末引若此死地疾戰則存不杜牧有疾字戰則亡當須上下同心併氣一力抽腸濺血一死一杜牧作於武編於作上前因敗爲功轉禍爲福矣通典一百五十九杜牧孫子注十一九地○總論地形

若敵人在死地無可依固糧食已盡救兵不至謂之窮寇尉繚子凡圍必開其小利使漸夷弱擊此之法必開其去道勿使有鬬心雖衆可破額侯攻教匪法同當以精騎分塞要道輕兵進而誘之陣而勿戰敗謀之法也通典一百五十九○死地勿攻

夫戰之取勝者王本此豈求之杜牧無之字於天地乎王本在因人以成之歷觀古人之用閒其妙非一御覽下有也字即有閒

其君者有閒其親者有閒其賢者有閒其能者有閒其助者有閒其鄰好者有閒其左右者有閒其縱橫者故李（王本他本均作子）貢史廖陳軫蘇秦張儀范睢等皆憑此術（杜牧孫子注無術字）而成功也且閒之道其（御覽無其字杜牧同）有五焉有因其邑人使潛伺察而致詞焉有因其仕子（御覽作事）故泄虛假令告示焉有因敵之使矯其事而返之焉有審擇賢能使（謝本脫）覘彼向背虛實而歸說之焉有佯緩罪戾微漏我偽情浮計使（御覽作死誤）亡報之焉凡此（王本作在）五閒皆須隱祕重之以賞密之又密（密字下三字御覽脫）始（王本作使）可行焉若敵有寵嬖任以腹心者我當使閒遺其珍玩恣其

所欲順而傍（杜牧孫子注作旁）誘之敵有重臣失勢不滿其志者我則啗以厚利詭相親附採（殿本作拌武編作探）其情實而致（王本作志）之敵有親貴左右之多詞誇（殿本作夸）誕好論利害者我則使間曲情尊奉厚遺珍寶揣其所閒而反（謝本作返杜牧孫子注同）間之敵若使聘於我我則稽留其使令人與之共處驕致殷勤僞相親暱朝夕慰喻倍供珍味觀其辭色而察之仍朝（御覽作乃旦）暮令（御覽有令字杜牧同）使獨與已伴居我遺聽明（御覽作耳杜牧同）者潛於複壁中聽其所閒使既遲違恐彼怪責必是竊論心事我知（御覽有事字杜牧同）計遣使（御覽武編無使字）而用之且夫用間以間人人亦用間以間己已以

密往(此句王本無謝本有御覽作彼人)以密來理(御覽無理字)須獨察於心參會於事則不失矣若敵使人來欲候我虛實察我動靜覘知事計而行其間者我當佯爲不覺舍其(御覽作而)厚利而(御覽無而字)善啗(御覽無啗字)之舍止而善飯之(杜牧孫子注作)微以我僞言誑事示以前卻期會卽(杜牧孫子注作則)我之所須爲彼之所(御覽脫所字)失者因其有閒而反閒之彼若將我虛而(杜牧無而字)以爲實我卽(御覽作卽我)乘(謝本作承)其弊而得其(杜牧無其字)志矣夫水所以能(御覽無能字武編有)濟舟亦有(御覽無有字)因水而(御覽無而字)覆沒者(御覽無者字)閒所以能成功亦有(御覽無有字)憑閒而傾敗者(御覽無者字)若束髮事主當朝正色忠

以盡節信以竭誠不詭伏以自容不權宜以為利雖有善閒其可用乎通典一百五十二御覽二百九十二杜牧孫子注十三篇用閒

古之善為將者必能十卒而殺其三次者十殺其一三者十殺其三杜牧孫子注威振於敵國一者十殺其一杜牧注同上令行於三軍是知畏我者不畏敵畏敵者不畏我以下至雖輕必戮杜牧本引　宋何博士備論引作是以古之名將十卒而殺其三者威振于敵國殺其一者令行於三軍唐之善用兵者莫如李靖靖豈以卒為不足愛哉以為殺一而百奮則奮者可期于勝也縱一而百惰則惰者可期于敗也奮而克敵與夫惰而為敵所克則是殺者乃所以生之愛者乃所以害之也

如日盡忠益時益御覽作一輕行行御覽作生武編作利重節者雖仇御覽作讐武編同必賞犯法怠惰敗事貪財者雖親必罰服罪輸情質直敦素

者雖重必捨遊辭巧說(武編作飾)虛偽狡詐者雖輕必戮善無微(杜牧作細)而不賛(御覽作賞杜牧同)惡無纖(杜牧作微)而不貶斯乃勵衆勸功之要術(御覽下有也字杜牧未引此句)昔馬謖(御覽音縮)軍敗曷亮對泣而行誅鄉人盜笠呂蒙先(杜牧作垂)涕而後斬馬逸犯麥(杜牧作禾)曹公割髮而自刑兩椽辭屈黃蓋詰問而俱戮(杜牧作斬)故知(杜牧作能)威克其愛雖小(御覽作少杜牧同)必濟如(杜牧無如字)愛勝(杜牧作卯)其威雖多必敗(杜牧孫子注引止此)蓋賞罰不在重在必行不在數在必當故尉繚子曰吳起與秦人戰戰而(二字今本無)未合有(今本無有字)一夫不勝其(其字御覽無)勇乃怒而(今本無此三字)前獲(今本有雙字)首而返吳起(起字下今本有立字)斬之

軍吏（吏字下今本有諫字）曰此壯（今本作材）士也不可斬吳子（今本子字作起）曰雖壯士然不從令者必斬之（御覽二百九十六引至此以下依通典一百四十九補入始全）故須勸之以重賞威之以嚴刑隨時而與之移因機而與之化可謂不濫矣凡人耳目不可以視千里之外因人耳目而視聽之卽無善不聞無惡不見故目貴明耳貴聰心貴智三者並進則明不可蔽如能賞罰不欺明於察聽則千里之外隱微之事莫不陰變而爲忠信若賞罰直於耳目之前其（武編作而）不聞見者誰肯用命哉故上無疑令則下不二聽動無疑事則衆不二志由是言之則持軍之急務莫大於賞罰矣（武編卷前一同通典○教）

令總論○衛公兵法孫吳之外得力于尉繚者甚多惜今本尉繚子亦非完書耳

諸每營病兒各定一官人令檢校煮羹粥養養字武編作食飼及領將行其初得病及病殿本作痂損人每朝通狀報總管令醫人巡營將藥救療如法仰營主共檢校病兒官量病兒氣力能行者給傔一人如重不能行者加給驢一頭如不能乘騎畜生逼前給驢二頭傔二人縛轝將行如棄擲病兒不收拾者不養飼者檢校病兒官及病兒傔人各杖一百未死而埋者斬

諸將士不得倚作主帥及恃己力強欺傲火宋本作大人全無長幼兼管撻懦弱減削糧食衣資并軍器火具恣意

令擎勞逸不等李筌書改作不服差遣及主吏役使不平者斬有私及强梁者同

諸應請甲數葉武編作葉數行數於甲襟上抄記其袍秤知斤兩於袍背上具注斤兩并槍量長短尺丈軍司並立爲文案如事了卻納取案勘數長短斤兩同卽納如有欠少隨卽科決徵備其軍器常須磨礪修補亦不得毀棄

諸兵士死亡祭埋之禮祭不必備以牲牢埋不必備以棺槨務令權宜輕重折衷如賊境死者單酌祭酹墓深四尺主將使人臨哭內地非賊庭死者準前祭哭遞送本貫

諸軍士隨軍被（被武編作皮）袋上具注衣服物數并衣資弓箭鞍轡器仗並令具題本軍營州縣府衛（衛武編作備）及已姓名仍令營官視檢押署營司抄取一本立爲文案如有破用隊頭火長須知用處即抄爲文記五日一申報營司如其勘檢衣資與簿不同物有賸數即是偷來並仰當火隊見有他物即須勘當狀送營司其衣資不上文歷縱使遺失官不爲理亦不得遞相寄附即是盜來受寄及寄物人並科罪

諸拾得闌遺（王本作道）物當日送納虞候者五分賞一如緣軍須者不在分賞之限三日內不送納官者後殿見而

不收者取今本作收而不申軍司者並重罪三日外者斬
諸有人拾得闌物隱不送虞候旁人能糺告者賞物二
十段知而不糺告者杖六十其隱物人斬
諸有功合賞不得踰時有罪合罰限三日內
諸軍內不得扇動軍士恐嚇隊伍謬作是非敗損營壘
諸營幕幕字武編作暮作食事須及早天暗以後即須滅火如
夜有文牒須讀及抄寫者須先狀上營主
諸軍內行僞無首從同罪貲財沒官王本官疊典取兵士十
錢以上絹一尺以上重罪盜軍資雜物并被賊偷賂一
錢以上無首從同罪如貨易官物計滿一疋無首從同

罪應減截兵馬糧料一升以上無首從同罪棄擲軍糧二升以上無首從行盜一疋以上無首從並同罪

諸軍中有樗蒲搏戲賭一錢以上同坐所賭之物沒官李筌書改作以強凌弱樗蒲忿爭酗酒喧競惡罵無禮于理不順者斬又增云因公宴醉者不坐

諸營各令作異旗一放馬每隊作記旗放驢其馬中夾放驢令四面援馬放其驢馬子並放驢羣四面圍繞驢羣知更牧放狂賊偷馬例須奔走驢羣在外驅趁稍難以此防閑亦甚允王本作是便營別卽令別放諸軍不得相交非直發引之時不難不難謂易驅行也忽有不虞追喚亦易

諸行軍立營驢馬各於所營地界放牧如營側草惡便

擇好處放仍與虞候計會不許交雜各執本營認旗如須追喚見旗即知驢馬處所諸軍驢馬牧放不得連繫每軍營令定一官專檢校逐水草合羣放牧仍定一虞候果毅專巡諸營水草各令分界牧放不許參雜

諸營除六馱外火別遣買驢一頭有病疹擬用搬運如病人有偏併其驢先均當隊馱如當隊不足均抽比（王本作此）隊比營（比音毗）

諸每營折衝果毅先各請馬銜參往來自合乘騎隊馬當直擬防機急官人以下不得乘騎其雜畜除非警急兵士不得輒騎

諸軍馬聚會其數既眾應行六畜並仰明爲軍印仍須別爲營印防閑失（武編作走）擬憑理認

諸營兵發以後捉（武編作拾）得闌遺畜生亦有兵士失卻驢馬衣服馱運不能勝舉並仰於捍後虞候處取闌遺畜生馱至前營其六畜卻分付虞候不得不經虞候擅取者及借不送還（武編同）並剪破印及毛尾者斬

諸六畜隨軍如有死者須詣所部官陳牒檢驗是當營六畜驗印記同然後許令剝皮如印不是本營印即是盜他六畜殺

諸將六（今本作雜）畜不得非理誤死損違衛塡諸軍內六（今本

作馬畜不得擅借人乘用

諸非圍獵不得乘官馬遊獵若因巡檢便行即聽及迴換軍司六畜者并王本無者有并重科

諸應乘官馬事非警急不得輒奔走致馬汗及打脊破通典注以上并衞公軍令具所科罪若臨敵則須重平居則放輕隨時裁定　通典一百四十九

諸隊設旗不許與主將旗號相犯武編卷前一引李衞公兵法與後一條同引為通典所未採

諸將三日武編多一字巡本部吏士營幕閱其食飲麤精均勞逸卹疾苦視醫藥有死即上陳以禮祭葬優給家室有死於行陳同火收其屍及因敵傷致斃並本將校具

陳其狀亦以禮葬弔贈如但為敵所損即宋本有各隨輕重優賞

有糺告違教令者比常賞倍之武編末引此條

有告得與敵通情者其家妻妾業馬資產悉以賞之有糺告主者欺隱應所給比常賞倍之以上通典有御覽無

搴旗斬將陷陳摧鋒上賞

破敵所得資物僕馬等並給戰士每收陳之後裨將虞候輩收斂對總帥御覽作管均分

與敵鬭旗頭被傷救得者重賞

漏泄御覽作泄軍事斬之李筌書改作漏軍事者斬漏泄軍中陰謀者死罪為贅出矣

背軍逃走斬之李筌書改作背軍走者斬在道及臨陣者同。又增出更鋪失候犯夜失號擅宿他火者斬

後期斬之通典注有故不坐。李筌書改作不當日時而後期者斬阻雨雪水火者不坐。尉繚子曰期之如過時則坐法

行列不齊旌旗不正金革不明明御覽作鳴斬之

與敵私交通斬之通典注言語書疏並同。李筌改作與敵人交通者斬言語書信者同顯襲注文

或說道釋祈禱鬼神陰陽卜筮災祥訛言以動眾心御覽下有並字與其人往還言議斬之李筌改作誑惑訛言者斬妄說陰陽以動眾者同

無故驚軍叫呼奔走謬言煙塵斬之李筌改作無故驚軍者斬叫呼奔走

妄言煙塵有賊者同

凡言御覽言作令覘候或更相推託謬說事宜兼復漏洩御覽作泄者斬之

吏士所經歷因便二字謝本脫侵掠御覽多者字斬之

姦人妻女及將婦女入營斬之李筌改作侵欺百姓子女及將婦人入營者斬又增云軍中愼女子氣

不戰而降敵沒其家李筌書改作不戰而降者斬背順歸逆者同似太過且已降敵何從斬之

凡有私仇今本作讐須先言狀御覽脫此字令其避仇若不言因戰陣報復者斬之

布陣旗亂吏士驚惶罪在旗頭斬之
陣定或輒進退或輒先取敵致亂行者前後左右所干
之行便斬之
或有弓弩已注矢而迴顧者或干行失位者後行斬（御覽有之字）
前行不動行斬干失（王本作矢）之行守圍不固一火及
主吏并斬之（李筌改作守圍不固者者輒罪及一火）
遇敵攻圍危急若前後左右部隊不救致陷者全部隊
皆斬之（李筌改作臨難不相救者斬爲敵所急不相救助者同）
設奇伏襲掩務應機速捷前將先合後將即副進退應
接（御覽作援）乖者並斬之

為敵所乘失旗鼓節鉞者（御覽無者）全隊（御覽作陣誤）斬之（李筌改作失旌旗節鉞者斬與敵人所取者同○又增出遺棄五兵軍裝者斬不謹固檢察者同）

戰敵旗頭被敵殺爭得屍首者（御覽無者字）免坐不得者一旗皆（御覽作並）斬之

凡戰敵失主將隨從者皆斬之（李筌改作失主將者斬隨從者不坐與此正相反）

一將禦敵裨將已下不等差主率不齊力同戰更相救助者仗（武編作伏）法（御覽作任便）斬之

吏士雖破敵濫行殺戮發冢（殿本作塚）墓（御覽無墓字）焚廬室（御覽無室字）踐稼穡伐樹木者皆（殿本無皆字）斬之

擒（御覽作禽字）獲敵人或有來降者直領（御覽作令）見總帥不得訪問敵中事若違（御覽作因違）因而漏洩（御覽作泄）者斬之

破敵先虜掠者斬之（通典注入敵境同。李筌改作破敵先擄掠者斬入敵境者同）

凡隱欺破虜所收獲及吏士身死有隱欺（字謝本二字互倒）其資物兼違令不收恤者斬之

違總帥（御覽作率）一時之令斬之（李筌改作違將軍一時命者皆斬未達。通典一百四十九。）

以上教令

衛公兵法輯本卷之上終

皇　漸西村舍

衞公兵法輯本卷之中

唐尚書右僕射贈司徒使持節都督并汾箕嵐四州諸軍事特進開府儀同三司上柱國衞國景武公李靖撰

部伍營陳

諸兵士將戰身已（王本通典下同今本作貌）尫弱不勝衣甲又戎具所施理須堅勁須簡取強兵并令試練器仗兵須勝舉衣甲器（以上七字御覽無）仗須徹札陷堅（御覽及他本多皆須二字）取甲試令斫射然後（御覽作始）取中（通典訓兵一百四十八御覽二百九十七○杜牧孫子注云衞公兵法有戰鋒隊言揀擇敢勇之士每戰皆爲先鋒其戰鋒隊見下○選擇

每營中兩箱置土馬十二疋大小如常馬具鞍令士卒擐甲胄櫜弓矢（櫜音高）佩刀劒持矛楯左右上下以便習其事（御覽二百九十七引在須取甲試令斫射然後取中後。通典訓兵一百四十九未注明。習土馬）

諸大將出征且約授兵二萬人而（御覽有總要引無）卽分爲七軍如或少臨時更定（通典注大率十分之中以二分爲奇兵武經總要引唐李靖法凡出兵且以二萬人爲準又全引李靖法爲營法。御覽三百零六。軍制）

中軍四千人內揀（總要改）取戰兵二千八百人五十人爲一隊計五十六隊

戰兵內弩手四百人　弓手四百人　馬軍千人

跳盪五百人　奇兵五百人（武編多步字。王本分二列寫）

左右虞候各一軍每軍各二千八百八人內各取戰兵一總要千九百八人其計七十八隊王本作雙行小字無隊字　戰兵內每王本及總要同今本作各軍弩手三百八　弓手三百八　馬軍五百八　跳盪四百八　奇兵四百八

左右廂今本作箱總要作兩廂各二軍軍各有王本及武編多此字總要引與今本同二千六百八人各取戰兵一同上千八百五十八人其計一百四十八隊總要引多此一句

戰兵內每軍弩手二百五十八　弓手三百八　馬軍五百八　跳盪四百八　奇兵四百八

馬步通計總當萬四千人總要有又云於二萬內取萬四千人其二百八

十隊當（總要作出）戰餘六千（總要作千本作十）八守輜重諸圍三徑一尺寸共知復造幕尺丈已定（每十八共一幕武編多此句）且以二萬八爲軍（此下總要多下營之時一句）四千八爲營在中心左右虞候左右廂四軍共六總管各一千八爲營兵多外面逐長二十七口（四軍至二十七口謝本脫）幕橫列十八（武編有口幕二字）六面援中軍六總管下各更有兩營（總要多小字下云每隊幙五日若在賊境地狹則四方下幕若地士廣闊不在賊境則五步之營）其虞候兩營兵多外面逐長二十七口幕橫列十八口幕四總管（武編無三字）有營外面逐長二十二口幕橫列各十八口幕四步（武編作部）下計當千一百三十六步又有十二營街各別闊十

五步計當一(今本脫此字)百八十步通前當千三百十六步以圓三徑一取中心豎(武編作竪)徑當四百二十九步以下下營之時先定中心卽向南北東西各步二百四十(謝本誤作十四)步並令南北東西及中心標端四面旣定卽斜角更安四標準南北令端從此以後分擘配營極易計二萬兵除守輜重六千八馬軍四千八步兵令當二百隊別取六步三尺二(今本作六)寸地併衡(宋本今沿作衡)塞總盡若地土寬廣不在城庭(王本作城庭謝本作賊庭)卽五步以上幕(幕字上武編多下字)準算折若地狹安置不得卽須逐角長斜算計尺寸一依下營法

凡以五十人（謝本脫一字）爲隊其隊內兵士須結其心每三人自相得意者結爲一小隊又合三小隊得意者結爲一中隊又合五中隊爲一大（總要有大）隊餘欠（王本總要引作少今本均作又）五人押官一人隊頭一人執旗（今本作執旗一人）副隊頭一人左右傔旗二人卽充五十（總要多人字）至於行立前卻當隊並須自相依附如三人隊失一人者九人隊（宋本多十字）失小隊二人者臨陣日仰押官隊頭便斬不救人陣散計會（謝本誤合）隊內少者勘不救所由斬（通典下附今制乃作通典入探當時增出之制今不收入○以上立軍○尉繚子束伍之令曰五人爲伍共一符收于將吏之所亡伍而得伍當之得伍而不亡有賞又曰凡兵制必先定先定則士不亂士不亂則刑乃明金鼓所指則百人盡鬪陷行亂陣則

千人盡力覆軍殺將則萬人齊刃天下莫能當其戰矣

諸軍將伍旗各準方色赤南方火白西方金皁北方水碧東方木原注合是青爲與皁色相亂故改爲碧黃中央土兵法五方旗有五色而問對僞書則有四獸之說附會商羽徵角本於鄭注曲禮又因方色目爲五行陣乃經生家言衞公不屑章句安得有此土既不動用爲四旗之主而大將行動持此黃旗於前立如東西南北有賊各隨方色舉旗當方面兵急須裝束旗向前亞方面兵急須進旗正豎一作豎字卽佳臥卽迴審細王海脫此二字看大將軍所舉方據王本旗須依節度

諸每隊給一旗行則引隊住則立於隊前其大總管及副總管則立十旗以上子總管則立四旗以上行則引

王海同武編作在謝本誤行

前往則立於旗王本帳側統頭亦別給異色旗擬臨陣之時則辨其進退駐隊等旗別樣別造令武編作軍王海無引輜重各令本軍營隊識認其旗如兵數校多軍營復眾若以異色認旗遠看難辨謝本脫此五句即每營各別畫禽獸自爲標記亦得不然旗身旗腳但取五方色迴互爲之則更易辨惟須營營自別務使指麾分明

凡將出師其旌旗切須堅牢若或傾側眾生異疑也

諸教戰陣每五十人王海下有以字爲隊從營纏槍幡至教場左右廂各依隊次解幡立隊隊別相去各十步其隊方十步分布使均其駐隊塞空去前隊二十步列布訖諸

營十將一時即向大將處受處分每隔一隊定一戰隊即出向前各進五十步（以下御覽有）聽角聲第一聲絕諸隊即一時散立第二聲絕諸隊一時捺槍卷幡張弓拔刀第三聲絕諸隊一時舉槍第四聲絕諸隊一時籠槍跪膝坐（御覽三百五十四引至此止總要謂之卧槍）目看大總管處大黃旗耳聽鼓聲黃旗向前亞鼓聲（他本作角）動齊唱嗚呼嗚呼（並去聲蹙口作聲即哨也）齊向前至中界一時齊鬭唱殺齊入敵退敗訖可趣（謝本作趍）行三十步審知賊徒喪敗馬軍從背逐北聞金鉦動即須息叫卻行膊上架槍側行回身向本處散立第一聲絕一時捺槍（總要作捺稍）便解幡旗第二聲絕一

時舉槍第三聲絕一時簇隊一看大總管處兩旗交即五隊合一隊即是二百五十八爲一隊（總要以此爲加兵作大隊法）其隊法及卷幡（總要作旗）舉槍簇隊鬬戰一依前法一看大總管處五旗交即十隊合爲一隊即是五百八爲一隊其隊法及舉幡舉槍簇隊鬬戰法並依前聽第一角聲絕即散二百五十八爲一隊第二角聲絕即散五十八爲一隊如此三度即教畢諸十將一時取大將賞罰進止第三角聲絕即從頭卷引還軍（一云初出營豎矛戟舒旗幡鳴鼓角行三里辟矛戟結旗幡止鼓角未至營三里復豎矛戟舒旗幡鳴鼓角至營復結旗幡止鼓角臨陣皆無讙譁明聽鼓音謹視旗幡麾前則前麾後則後麾左則左麾右則右麾視所止聞三金音止三金音還）

教戰練兵中閒隊須知王本加減審看大總管處白碧兩旗交跳盪隊戰鋒隊駐隊每色三隊合爲一隊添入中隊計會使稀稠均卽是一百五十八爲隊如不須更合隊便卽交戰一準前捺槍解幡如須加兵合隊卽看大總管處赤皁兩旗交諸隊各依本色又三隊合爲一隊準前添入中隊使稀稠均卽是四百五十八爲一隊如須教戰卷幡舉槍簇隊並依前教戰了欲散還營看大總管處兩旗臥卽分散卻爲一百五十八隊各依舊立又兩旗臥卽散五十八爲一隊還依舊初立聽角聲第一聲絕一時捺槍便解幡第二聲絕一時舉槍第三聲

絕一時簇隊聽還營進止如放散更聽一會角聲卽依軍伍次發引還營其應前進而不進應卻退而不退應坐而不坐應起而不起應簇而不簇應散而不散應捺而不捺應卷而不卷應合隊而不合隊應擘而錯擘入他隊言語讙譁不聞鼓聲旌旗分擾疏密失所並節級科罰其教法各令子總管以下錄一本教依兵士教旗法（通典一百四十九○教戰陳）

又教旗法曰（五字通典無御覽有）凡教旗於平原曠野登高遠視處（李筌作平原高山總要引作可以登高視遠之地）大（李筌無大字）將居其上南向左右各置鼓一（通典無一字總要同）十二面角一十二具（具總要作枚）

左右各樹五色旗六纛居前列旗通典無總要有次之總要增出監軍御史衙副六字左右衙通典作官駐隊如偃月形爲後李筌作候騎下臨平野使士卒目見旌旗耳聞鼓角心存號令乃命諸將李筌作十將左右決勝將總十六將一萬二千人分爲左右皆去通典作要兵刃精新甲冑李筌作馬幡幟分爲左右箱此下武經總要增入蓋以易見而生勇一語各以兵馬便宋本通典長班布其次陣間容陣隊間容隊曲間容曲總要增入人間容人出入來往不鬬馳逐以長參短以短參長迴李筌作回軍轉陣以後爲前以前爲後進無奔迸李筌作速奔退無趨走以下李筌加七句未錄以正合以奇勝聽音覩總要作望麾武編有此句乍合乍離於是三令五申白旗點李筌作颭鼓音動則

左右廂齊合朱旗點角音動則通典李筌武編同作則左右廂齊離合宋本之與離總要作離之與合皆不離李筌作出中央之地左廂陽向而旋武編李筌作左右廂陰向而旋李筌作右左右各復本初李筌作位曰旗掉鼓音動左右各雲蒸鳥散彌川絡野然而不失部隊之疏殿本作疎密朱旗掉角音動左右各復本初以上一段李筌書漏未全取前後左右人立之疏密使總要多此六字無差尺寸散則法天聚則法地如此此字下通典有三合而三離三聚而三散不如法者吏士之罪武編作罪之務武編有總要作罰從軍令李筌作可以軍法從事於是大將出五彩李筌作色旗一十二口李筌作面各樹於左右廂李筌無廂字陣前每旗命李筌作選壯勇士

五十八奪守旗（武編脫九字李筌作復）選壯勇士五十八奪旗左箱奪右廂旗（總要多一字）右廂奪左箱旗鼓音動而奪角音動而止得旗者勝失旗者負勝賞而負罰離合之勢聚散之形（李筌脫此句）勝負之理賞罰之信因（李筌作於）是而教之

御覽二百九十七引衛公兵法作教旗法又引太白陰經曰今邊軍更名曰教旗使士卒識金鼓別旗幟任行列知部分云云可見李筌實述成法蓋衛公兵法爲邊吏所習用者○通典一百四十九末注武編依通典與武經總要引此作教平原兵下多使習知立陣之法一句

附

凡教陣先量士卒多少即教場中分三道土河中分左右廂相對四隊夾一土盆以次布戰鋒隊第一隊爲戰隊間一隊抽取一隊爲駐隊隊隨多少每廂各

兩重布隊凡入教塲布陣先六纛次五方旗次角次
鼓次鉦次招旗次左右廂兵馬使次第相續立定一
隊為駐隊一隊為戰隊皆取五方信旗為號凡士卒動靜皆號信旗吹角一會點青旗兵馬使都虞候集凡旗皆須地士卧為點也點赤旗大將副將同集點皂旗小所由悉集受處
分訖卻歸本隊放歸本隊須候卻揭立本色旗乃還丁甯曉喻訖南頭
第一隊兩廂各出一旗以告辦辦謂排比所教練兵馬已訖告訖
旗歸本隊卽視信旗合擊鼓一搥諸隊盡簇信旗開
鼓一搥諸隊盡開卻依本處立信旗舉鼓一搥諸隊
槍旗並舉齊唱軋聲信旗亞又鼓一搥諸隊槍旗並

亞齊唱于聲諸隊弩手齊出至前第三土河作上弩勢（凡出並至前第三土河）又鼓一擡架箭又鼓一擡皆唱殺聲卽退至本隊立定又鼓一擡齊唱于聲弓手齊出至土河各為架箭勢又鼓一擡齊唱殺聲陌刀齊亞不得背面起陌刀頭卻還本隊立定（凡歸隊卻行皆須前腳續後腳不得回面行也）信旗又三點一點一交聲三點三交聲訖鼓三聲（一聲警衆二聲排比三聲陳長打）便長打鼓皆作何何聲左右廂並進至中央出河立定大叫交交胡祿交匝右箱退左箱還至本隊前土河右廂點信旗喚駐隊大叫交交走救與戰隊齊立定左廂退右廂逐之至本土河

前左廂點信旗喚駐隊大叫交交走叫與戰隊立定
右廂退左廂逐之至中央土河立定良久聽鼓聲歇
何何聲絕鼓一擺齊唱于聲槍頭並舉與肩齊若槍頭低
天地一尺己下也又鼓一擺齊唱殺聲槍旗盡亞三于三殺
然後擊鉦鉦發左右廂齊退並不得回面起槍至本
土河立定訖候鼓聲一擺齊唱于聲槍旗並揭立信
旗合鼓一擺諸隊齊作羽林聲聽角聲發羽林聲止
殺畢候傳語齊唱吩視信旗點着地卽兩廂齊唱吩視五方
旗及角聲行左右廂兩頭各出一隊至第二土河行
依軍次還營以上武經總要

諸軍將戰每營跳盪隊馬軍隊奇兵隊戰鋒隊駐隊等分拆(御覽作折)為五等當軍等別(二字御覽無)各令一官押領(御覽作令)出戰之時先用某等兵戰鬬如更須兵以次更取某等兵用盡當營輜重隊不得輒用亦各一官(御覽下有人字)押領(御覽作令)使堅壘各令知其隊伍不使紛雜自餘節度一依橫陣(通典一百五十七御覽二百九十九　隊伍)

諸道狹不可並行者即第一戰鋒隊為首其次右戰隊次之其次左戰隊次之其次右駐隊次之其次左駐隊次之若道平川闊可得(御覽得作以)並行者宜作統行法(四字御覽無)其統行(總要有行)法每統戰鋒(御覽作銳)隊居前兩戰隊(御覽

脫並行次之又兩駐隊並行次之餘統准御覽作準此若更堪齊頭行者每統五隊橫列總要作引齊行後統御覽作隊次之如御覽總要同作如通典誤加字每統三百人簡取二百五十人分為五隊第一隊為戰鋒隊第二御覽有隊字第三隊為戰陣今本作隊第四第五隊為駐陣王本作隊每隊御覽無隊頭一人副隊頭一人其下等五十人為輜重隊別著隊頭一人副隊頭一人五字御覽無武編有擬戰日押輜重遙為聲援若兵數更多皆放總要作放此類御覽作類此

諸軍當軍折衝果毅武經總要云折衝果毅今則諸軍虞候指揮使等每御覽武編同有行引字發營須依次第戰日有罪須罰有功須賞依名

排次甚爲省易不然推逐稍難爭競不定（通典一百五十七。御覽二百九十九行軍隊伍）危阪（危御覽作嶮）高陵谿谷阻難（阻御覽作險）則用步卒平原廣衍草淺地堅則用車追奔逐北乘虛獵散反復百里（復御覽作覆）則用騎故步（御覽作卒此依王本）爲腹心車爲羽翼（此句王本有謝本脫）騎爲耳目三者相待參合迴（今本作迴）行（通典一百四十八在注中。御覽二百七十一行軍上）

諸每隊給一旗行則引隊住則立於隊前其大總管及副總管則立十旗以上子（御覽作副）總管則立四旗以上行則引前（總要作前列）住則立於帳前（注云或作側）統頭亦別給異

色旗擬臨陣之時辨其進退駐隊等旗別樣別造軍御覽總要作令引輜重各令本軍營隊識認此旗前重教戰此重行軍非複出也諸軍相去既遠語聲難徹走馬報又勞煩故建旗幟用爲節度其方面旗舉當方面兵急須裝束旗向前亞方面兵急須進旗正豎卽住旗卧卻迴審細看大將所舉之旗四字今本通典脫從御覽補。通典注大將方面旗東方碧南方赤西方白北方黑專看方色旗亞處卽是其方賊來便須捍禦攻擊具法制篇中

諸大將置鼓四十面子總管給十面營別給鼓一面行卽負隨纛下晝夜及在道有警急擊之傳響武編作鄉誤令諸軍嚴警兼用防備賊侵逼如軍行引之時先軍卒逢

寇賊先軍卽急擊鼓（武編引脫鼓字）中腰及後軍聞聲急須向前相救中腰逢賊卽須擊鼓前軍聞聲便住後軍聞聲須急向前赴救後頭逢賊卽擊鼓前頭中腰聞聲卽須住並量抽兵相救如發引稍長鼓聲不徹中腰支料更須置鼓傳響使前後得聞（總要以下亦引）其諸營自須著鼓一面用防夜中有賊犯營卽急擊令諸軍有警備

諸行軍立營數多則計或逢泥溺（武編作濔）或阻山河同聽角聲俱其齊發路狹難進途飼馬驢應發營第一角聲絕右虞候捉馬驢（總要作騾）第二角聲絕卽被駕右一軍捉馬驢第三角聲絕右虞候卽發引右一軍被駕右二軍

捉馬驢第四角聲絕右一軍卽發引右二軍被駕以後諸軍每聽角聲裝束被駕準此每營各出一戰總要同王本作陣隊令取虞候進止防有賊至使王本今作便用騰擊前有賊前頭用後有賊迴捍後如其路更細小卽須更加角聲仍令虞候及當營官人虞候子排比催督急迴總要武編作過不得停擁過訖以後軍準前排比催迫急過通典一百五十七

其步兵隊輜重隊二千步外引馬軍去步兵二里外引武經總要五引李靖注云裴緒亦同諸御覽無此字軍馬行動須知次第出先右虞候馬軍爲首

次右虞候步軍次右軍馬軍次右軍步軍次前軍馬軍次前軍步軍次中（中作右御覽誤）軍馬軍次中軍步軍次後（後作右御覽誤）軍馬軍次後軍步軍次左軍馬軍次左軍步軍其（御覽無其字）次左虞候馬軍次左虞候步軍其馬軍去步軍兵（御覽無兵字此句總要引云裴緒亦同）一二里外行每有高處即令四（一本作三）五騎馬於上立四顧以候不虞以後餘軍準前立馬四顧右虞候既先發安營踏行道路修理泥溺（總要武編作濘）橋津檢（檢作險御覽武編同）行水草左虞候排窄路（總要作踏）橋津捍後收拾闌遺排比隊仗（武編作伏）整齊軍次使不交雜若軍迴入先左虞候馬軍次左虞候步軍次左馬軍次左

步軍其次第準前卻轉其虞候軍職掌準初發交換諸軍營各量置（御覽脫置字）虞候子並使排比依軍次行如此發引卒逢寇賊部伍甚易若零疊（武編作令重）散行卒卒（今本作卒）難就萬一賊至並非所管

諸軍討伐例有（武編作具）數營發引逢賊首尾難救行引之時須先為方陣行列（總要多二字）應行之兵分為四分（御覽分字脫）輜重為兩道引戰鋒等隊亦為兩道引其第一分初發輜重及戰鋒（謝本誤作隊依王本）分為四道行兩行（戶郎切下同）輜重在中心雙引兩行戰鋒隊並合（御覽有總要武編無合字）各在輜重外左右夾雙引其次一（總要作第二）分戰鋒隊與前般（武編

作班左右行戰鋒隊相當輜重隊與前行輜重隊相當又其次一分准御覽作準上最後一分亦準上初發第一分引御覽作別戰鋒輜重相當輜重橫引在內爲兩行戰隊橫引在外兩重爲陣如其逢賊前後御覽無後字分四行兩行輜重抽縮兩行戰鋒橫引御覽作列作前面甚易其次兩分先作四行長引其戰鋒卽御覽卽作既在外便充兩面甚易武編有此二字其次兩分武編有此句後分亦先作四行其輜重進前御覽有其字戰鋒隊橫列相接便御覽作使充後面亦易其方陣立卽可成如此發引縱使狹路急緩亦得成陣每軍戰鋒等隊須過本軍輜重首尾輜重稠行戰鋒等隊稠行御覽作引武編同常令輜重併

近前頭戰鋒隊相去十步下一隊輜重隊相去兩步下一隊如此行（御覽無行字）卽須相得（謝本誤作裹）若得（御覽無得字）逢川陸平坦彌加穩便其戰鋒輜重等隊分布使均（通典一百五十七御覽三百零六行軍下）

諸兵（今本作軍）馬旣逼賊庭探候事須明審諸營住及營行前後及左右廂肋（御覽作助）上五里著馬兩騎十里更加兩騎十五里更加兩騎至三十里一道用人馬十二騎若兵多發引稍長肋上卽更（御覽作使更謝本誤作便）量加一兩道使令相見其乘馬人每令遙相見常接高行各執一方面異旗無賊此旗常卷見賊卽須（謝本脫此字）速展軍營見（御覽

有其字旗展卽知賊至須覓穩處旣先御覽無先字知賊來得設機伏整齊部伍迎前出陣戰御覽作迎前戰其最遠及以御覽無以字次遠人須與好馬乘騎不然被賊捉御覽誤作投將通典一百五十七御覽三百三十一行軍斥候

諸逢平原廣澤無險可恃卽作方營總要五引唐李靖法以此接上文立軍又引作法曰兵旣有二萬人已分爲七軍中軍四千人左右四軍各二千六百人虞候兩軍各二千八百人左右軍及左右虞候軍別三營六軍都當十八營營王本有中軍作一大營如其無賊田土寬平每營中間使容一營如地狹不得使容一營中軍在中央六軍總營在四畔象

六出（總要出下有之字）花軍出日右虞候引前其營在中營前（武編有前字）右廂向南左虞候押後在中營後左廂近北結角兩虞候相當狀同丑未（總要作日月）若左虞候在前即右虞候在後諸軍並卻轉其左右兩廂營在四面各令依近本軍布陣幃（今本作卓幕）得相統攝急緩（武編作緩急）須有救援若欲得放馬其營幕即便張布（王本今作狹長布）務取營裏（武編作畏）寬廣不使街巷窄狹如其拓陣（今本作招隊）兵少量抽不戰隊相助如兵有多少準數臨時加減其隊去幕二十步布列使均諸地帶半險須作月營其營單列面平背險兩翅向險如月初生其營相去中間亦令容一營

如逼賊庭不得使容一營若有警急畜牧並於營後安置其隊依前於營外去幕二十步均列布之通典一百五十七武編卷前二下營武經總要李靖陣法以破敵在丑先鋒在未爲十二辰此當指之前沖已後沖亥摧凶在辰決勝戌左寅右申子午卯酉則以大黑大赤大青大白當之合八百馬步成一陣每陳抽騎射弓弩百人充游軍每陣相去一百步失一陣斬一將

諸軍營將發之時當營跳盪奇兵馬軍去營二三里外當面布列戰鋒隊駐隊各持仗依營四方王本今作面去擬徹幕處二十步布列隊伍一如臨陣法待營中裝束輜重訖其步兵輜重隊二十步引馬軍去步軍二里外行引

諸軍營將下之時當營跳盪奇兵馬軍並戰鋒隊駐隊各令嚴備持仗一准發兵法待當營卓幕訖方可立隊釋各仗（總要作伏各武編引無各字）於本隊下安置若有警急隨方捍禦其馬軍下營訖取總管進止其馬令（總要作合）羣牧放（通典一百五十七）

諸兵士每下營訖先令兩隊共掘一廁（御覽三百零六引止此武經總要同）

諸行軍出師兵士不得浪費衣資廣爲喫用又不得近田苗及城中下營須去城十里外要（武編作若）有市買（王本）入城營司判官許（武編無許字）差人押領不許輒入城郭必免

酗酒鬪打偷盜姦非亦不（疑脫許字）損暴田苗也

諸兵馬每下營訖營主即須勾當四司營（謝本作官與總要武編）（同謝本作典）司兵及左右（右武編作佐）令分頭巡隊問兵士到者如有卒忽未到即差本隊本火主將畜生及水食卻迎取如其地（總要作逃）走遠差人捕捉

諸軍下營訖司騎及佐分頭巡隊（武編同作隊）檢驗驢馬羣先有脊破即令翦毛洗瘡傅藥療救不許連絆如新打破作瘡腫并有擊絆即將所由人領過營主量事決罰

司冑及佐下營訖即巡隊檢校兵甲等色如有破綻（總要）（同謝本作壞）損污須即修緝（緝總要武編同作葺）磨礪如有棄失申上

所由便爲案記准法科給（殿本作結今本作決）司倉及佐捉搦兵士糧食封署點檢勿令廣費（通典一百五十七武經總要六〇通論下營）

諸軍（御覽無軍字）營下定事須防禦於營外去幕（御覽無此二字）二十步列隊仗如臨陣對寇法晝夜嚴警縱逢雨雪列隊（武編有此二字）並押隊官並不得離隊每營留五匹馬并鞍轡放飼防有警急即令馳告至夜每陣（御覽武編同謝本誤作隊）前百步外各（御覽無各字）著聽子二人一更一替以聽不虞仍令（御覽多探更人三字）探聽子（御覽多細字）勿合眼睡（御覽作令眠睡）其晝日（御覽作夜）諸軍前各亦逐高要處安置斥候以視動靜

諸軍營隊伍每夜分更令人巡探人（御覽武編皆有人字）不得高

聲唱號行者敲弓一下坐者扣稍三下方擲軍號以相應會當營界探周而復始擲號錯失便即決罰當軍折衝果毅並押鋪宿盡更巡探遞相分付虞候及中軍官人通探都巡（通典一百五十七御覽三百三十一　下營斥候）

諸軍營常須慮有卒急要設外鋪每夜軍別量抽三五人總要於當軍前或於軍側三五里外穩便要害之處安置外鋪仍令各將一兩面鼓自隨如夜中有賊犯大營其外鋪看賊與大營交戰即從鳴鼓大叫以擊賊後乘得機便必當克捷（通典一百五十七）

諸軍營（御覽無營字）下定（王本定下）每營夜別置外探每營以折

衝果毅相知作次（總要乃改迭作番次凡四字）每夜面（御覽無總要有）別置（御覽有置字）四人各領五騎馬於營四面去營十里外遊弈以備非常如有警急奔馳報軍（通典一百五十七　御覽三百三十一）

諸晝日有賊犯營被犯之營即急擊鼓諸營亦擊鼓相應應訖無賊之營即止唯所犯之營非賊散鼓聲不得輒止

諸軍各著衣甲持仗看大將（王本作軍）五方旗所指之方即是賊來之路裝束兵馬出前布陣諸軍嚴警如須兵救一聽大總管進止不得輒動（總要亦引無諸軍嚴警句未得輒動在如須兵救之上）

諸夜有賊犯軍營被犯之營擊鼓傳警一如晝日非賊去不得輒止仍須盡力禦捍百方防備諸軍營擊鼓傳警訖鼓音卽止各自防備不得輒動被犯之營賊侵逼急卽令告中軍大總管自將兵救餘軍各准常法於營前後出隊布陣以聽進止

諸狂賊夜來犯被犯之營但擊鼓拒戰不得叫喚諸營擊鼓傳警訖鼓音卽止當頭著衣甲防備被犯之營既鼓聲不止大總管自將兵救先與諸將平章兵士四字總要改作潛約或隨身將胡桃鈴爲標記不然打鼓從內向外以相救助其被犯之營聞鼓鐸之聲卽知大總管兵至其

軍內節度大總管臨時改變處分每晨朝即其諸軍將論一日事至暮即其論一夜事若先爲久（謝本誤作人）長定法則恐有漏洩狂賊萬一得知翻輸機便（原注其胡桃鈴或鐸之類皆不可先定恐賊知誤人也）

諸兵（武編作軍字）以二萬人軍用一萬四千人戰計二百八十隊有賊凡（總要有）將出戰布陣先從右虞候軍引出即次右軍即次前軍即次中軍即次後軍即次左軍即次左虞候軍（總要有）除馬軍八十隊外（總要有）其步軍有二百隊其中軍三十六隊左右虞候兩軍各二十八隊共五十六隊其左右廂四軍各二十七（武編總要作五）隊共一百隊

通典注其分八定隊具軍制篇中須先（總要作置）造大隊以三隊（三十隊總要注又云或作三隊）合為一隊慮防賊徒併兵衝突其隊居當軍中心（總要作在陣中）安置使均其大隊一十五隊（總要五十隊或作十五隊）中軍三隊餘六軍各二隊通五十八隊（武編作十五大隊）合有一百七十隊（總要止七十隊或作一百七十隊）為戰駐等隊隊別通隊及街閒空處據地二十步十隊當二百步以八十五隊為戰隊據地計一千七百步其八十五隊為駐（武編作騎）隊塞空處其馬軍各在當戰隊後駐軍左右下馬立布陣訖鼓音發其弩手去賊一百五十步即發箭弓手去賊六十步即發箭若賊至二（武編作三）十步內即射手弩手俱捨弓

弩令駐隊人收其弓弩手各王本先絡膊將刀棒自隨即與戰鋒各隊齊入奮擊奮擊下總要多戰鋒每隊重行在戰隊前聞鼓聲即入也其馬軍跳盪奇兵亦不得輒動若步兵被賊蹙迫其跳盪奇兵馬軍即迎前騰武編作奮擊步兵即須卻迴整頓綏武編作向總要作援前若跳盪及奇兵馬軍被賊排退戰鋒等隊即須齊進奮擊其賊卻退奇兵及馬軍亦不得遠趂審知驚怖散亂然後可乘馬追趂其駐隊不得輒動前卻打賊退敗收軍舉槍卷幡一依教法如營不牢固無險可恃即軍別量抽一兩隊充駐隊使堅壘營如其輜重牢固不要防守駐隊亦須出戰也

諸逢賊布陣須有次第先右虞候為首其次右軍其次前軍其次中軍其次後軍其次左軍其次左虞候其諸軍跳盪奇兵馬軍各隨本軍以次行至戰所（武編作前）並於本軍戰鋒隊駐（御覽無駐字）隊前布列待五（武編作諸）方旗節度如戰鋒等隊打賊不入其跳盪奇兵排後即入每入（二字御覽無）山谷林木蒙密之處並渡水狹路及下營戰處百里以來總須搜踏清靜不然兵引過半臨戰下營伏兵起發致損軍旅其收軍還營卻抽左虞候先入即左軍後軍中軍前軍右軍右虞候次之（二字武編無御覽三百零一）

諸賊徒恃險固阻（御覽同謝本作因山）山布陣不得橫列兵士分

立宜爲竪（武編作堅）陣其陣法弩手弓手與戰鋒隊相間引前兩駐（御覽無駐字）隊兩邊相翊布（御覽作右）列既定諸軍既聽角聲其角聲節度一准前看黃旗向賊亞聞鼓聲發諸軍弩手弓手及戰鋒隊各令人捉馬一時籠槍大叫齊入若弩手弓手戰鋒等隊引退跳盪奇兵隊一時齊入戰鋒等隊排比迴面還與奇兵同入如見黃旗卻立不亞及聞金鉦聲乃止膊上架槍引還各於舊處准前聽角聲卷幡簇隊一准前如便放散即更聽一會角聲依軍次發引（總要末排立一聽角聲即卷幡簇隊如便放若更聽鼓聲角聲依軍次還營）

諸方陣既成逢賊鬭戰或打頭或打尾打頭其陣行行

御覽無行字不前進陣既不進自然牢密如其打尾頭行不停其陣中間多有御覽有作卽斷絕須面別各定總管都押勾當勿作勾御覽誤令斷絕御覽三百零一〇營陣

諸每隊布立第一立隊頭居前引戰第二立執旗一人以次立左傔旗在左次立右傔旗在右次立其武編作奇兵分作五行傔旗後左右均立第一行戰鋒七人次立第二行戰鋒八人次立第三行戰鋒九人次立第四行戰鋒十人次立第五行戰鋒十一人次立並橫列鼎足分布爲隊隊副一人於兵後立執陌刀觀兵士不入者便斬果毅領傔人及王本作又居後立督戰觀不入便斬並須

先知左肩右髆行立依次（不入下總要均加陣字）

諸每隊戰鋒五十人重行在戰隊前布陣立隊訖聞鼓聲發戰鋒隊即入其兩戰隊亦排後即入若戰隊等隊有人不同入同隊人能斬其首者賞物五十段別隊見不入人能斬其首者准前賞物唯駐隊人不得輒動凡與敵鬭（總要作凡兵方戰）其跳盪奇兵馬軍等隊即須量抽人下馬當之（總要無下字）隊別量（三字總要改作仍於隊內）抽捉馬人先定名字若臨鬭時捉馬人有前卻及應捉擾亂失次第致失鞍馬者斬若其賊退步趂不得過三十步亦不得即乘馬趂審知賊退擾亂驚怖可（武編同）騎馬逐北仍與諸

隊齊進其折衝果毅當鬬之時雖踅下馬賊從(武編作徒)敗退以後卽任騎馬檢校騰逐(武經總要敘戰下渾括此一節爲數則)

諸軍弩手隨多少布列五十人爲一隊人持弩一具箭五十隻人各絡膊將陌刀棒一具各於本軍戰隊前雁行分立調弩上牙去賊一百五十步內戰齊發弩箭賊若來逼相去二十步卽停弩持刀棒從戰鋒等隊過前奮擊違者斬如有(一本作其)共賊相持守捉城邑其弩手等卽依弩式看旗發用

諸隊頭共賊相殺(總要作與賊鬬追蹤)左右傔旗急須前進相救其左右傔如(武編無)被賊纏繞(總要作追蹤)以次行人急須前

進相救其進救人及各本作又被賊纏繞以次後行人參前急須進救其前行人被賊殺後行不救者仰押官及隊副使便斬但有隊被賊纏繞比隊亦須速救臨陣不救者皆斬凡將須使兵士簡靜處分有序將百萬之衆如領一人每軍定一官知高聲營別有虞候差主帥一人知高聲營四面各差一人知高聲隊別亦定一人知高聲諸見賊聲高喧鬧者仰押隊官及隊頭便斬押隊官隊頭不斬者即斬押隊官及隊頭諸軍將或在前或在後須傳聲喚隊及人者仰押隊官自傳兵士不得輒傳通典

一百五十七

○分布陣

諸兵馬被賊圍遶抽拔須設方計一時齊拔賊即逐背揮戈因此必敗其兵共賊相持事須抽拔者即須隔一隊抽一隊所抽之隊去舊隊百步以下遂便立隊令持戈槍刀棒并弓弩等張施待賊張施了即抽前隊如賊來逼所張弓弩等人便即放箭奮(王本作奮武編同謝本誤)擊如其賊止不來其所抽隊便過向前百步以下遂便准前立隊張施弓弩等待賊既張施訖准前抽前隊隔次立陣即免被賊奔蹙其被抽之隊不得急走須徐緩而行如被(武編同)賊相逼即須迴拒戰其隊頭押官押後副隊頭引前如有走者仰押官隊頭便斬違節度者斬全隊(通典一百)

（五十六○抽軍○武經總要抽隊本之大要以爲隔一隊抽一隊爲主）
諸兵馬發引或逆（御覽作逢）泥溺（武編作滀）或阻山河其路有須
塡補有須開拓左右虞候軍兵先多於諸（御覽無諸字）軍取
充虞候子右虞候（四字宋本無）先將此兵修理橋梁泥濘（宋本
又作滀滓）開拓窄路左虞候排窄路捍後收拾闌遺（以上通典一百
五十七御覽三百零六○防捍）
諸戰銳（御覽作鋒）等隊打賊敗其駐隊隊別量抽驍健二十
人逐北其輜重隊遙叫作聲援不得輒動跳盪隊奇兵
隊趂賊退不得過百步如審知賊徒敗散仍須取機追
逐（敵退追奔通典一百五十四御覽三百十四○追奔）

諸軍馬擬停三五日即須去軍一二百里以來安置烽烽如有動靜舉烽相報其烽並於賊路左側逐要置每二十里置一烽應接令遣到軍其遊奕馬騎晝日遊奕候視至暮速即（殿本無）作（御覽作分）食喫訖即移十里外止宿慮防賊徒暮間見煙火夜深（御覽作間）掩襲捉將其賊路左右草中著人宿止（武編作止宿）以聽賊徒如覺來報烽烟（御覽無）皆（御覽作家）舉烽遞報軍司知覺十騎以上五十（武編同）騎以下即放一炬火（御覽作火炬火箭）前烽應訖即滅火若一（御覽脫）百騎以上二百騎以下即放兩炬火准（御覽作準）前應滅賊若五百騎以上五千騎同即（御覽五千騎下作以下即同）放三炬

火準前應滅前鋒（今本作烽）應訖即赴軍若慮走不到軍即
且投山谷逐空方可赴軍如以次烽候視不覺其舉火
之烽即須差人急走告知賊（御覽無）路既置爟烽軍內即
須應接又置一都烽應接四山諸烽其都烽如見煙火
急報大總管云某道煙火起大總管當須（御覽作須當）嚴備
收拾畜（殿本作畜生御覽作生畜）遣人遠探（御覽誤作拓）每烽令別奏
一人押一道烽令（御覽令作火誤）折衝果毅一人都押（通典一百五十七御覽三百三十五）

烽臺於高山四顧（二字李筌無）險絕處置之無山亦於孤特
（各本作迴御覽作道）平地置（李筌許洞皆有之字）下築羊馬城高下任便常

以三（許洞下有十字誤）五爲準臺五丈下闊二（李筌作三）丈上闊（四字御覽無）一丈形圓（以下御覽所無）上建圓屋覆之屋逕（許洞作徑）闊一丈六尺一面跳出三尺以板爲（李筌有之字）上覆下（李筌無下字）棧屋上置突竈三所臺下亦置三所（李筌無此句許洞有）並以石灰飾其表裏復置柴（李筌有竈字）籠三所流火繩三條在臺側近（李筌無近字）上下用屈膝梯（李筌作軟梯）上收下乘（李筌作垂）屋四壁開覷賊孔（李筌作開四孔門望）及安視（李筌作置）火筒置旗一（許洞作二）口鼓一面弩兩張拋石壘木停水瓮乾糧麻縕火鑽火箭蒿艾狼糞（李筌有黃字）牛糞每晨及（二字李筌無）夜平安舉一火聞警因（李筌無因字）舉二火見煙塵舉三火見賊燒柴籠

如每晨及夜平安火不來則（各本作卽）烽子爲賊所捉（李筌誤提）一烽六人五人爲烽子遞知（各本作如許洞引誤作和）更刻觀視動靜一人烽率（李筌作卒）知文書符牒轉牒（許洞作傳遞李筌改此作烽燧臺篇）

通典一百五十二御覽三百三十五

馬鋪每鋪相去三（李筌作四）十里（李筌增如驛近遠四字）於要路山谷間牧馬兩疋與游奕計會有事警（許洞作驚）急煙塵入境卽奕馳報探（李筌作則奔馳相報）土河於山口賊路橫斷（李筌作截）道鑿（李筌有之橫二字）闊二丈深二尺（又作丈李筌許洞作尺）以細沙散（李筌無散字）土填平每日檢行掃令淨平人馬入境（李筌妄作有狐兔入境）卽知足跡多少（李筌改此）

（爲馬鋪土河篇殊不倫）

遊奕於軍中選驍果諳山川泉井者充常與烽鋪（李筌有子馬二字）土河計會交牌（王本作陣）日夕邏（盧箇反）候於亭障之外捉生問事其軍中虛實舉用勿令游奕人知其副使子將並從軍行（從謝本誤久許洞作用在中三字）人取善騎射者兼（以下御覽三百三十一斥候門有之）令人枕空胡祿（李筌作麗）卧有人馬行三十里外東西南北皆（李筌有有字）響（李筌有應字）見於胡祿中名曰地聽則先防備（通典一百五十二御覽三百三十一按地聽見後守城篇此因游奕而順及之者故曰兼李筌改此爲游奕地聽篇又以地聽二字冠首由不知本書文法也）

烽燧

夫軍城及野營行軍在外日出日沒時撾鼓一（通典無一字）

干搥三百三十三搥爲一通鼓音止角音動吹十二聲爲一疊角音止鼓音動如此三角三鼓而昏明畢通典下有之字　通典一百四十九
御覽三百三十八　鼓角

衞公兵法輯本卷之中終

攻守戰具

攻城戰具四字御覽無作四輪車上以繩李筌多上字爲脊生李筌改作犀字牛皮蒙之下可藏十人塡隍推土回切之直抵城下可以攻掘金火木石所不能敗李筌改作木石所不能及謂之轒轀車李筌改作首句凡力有餘者攻先絕諸國之交使無外救糧多而人少攻而勿圍糧少而人多圍而勿攻通典卷一百六十御覽三百三十七引作通典衞公兵法攻城戰具篇今參合錄之以大木爲牀下置六輪謂以拒輪爲鄕郎可推上立雙牙牙有檢李筌作括梯節長丈二尺御覽引六弢有雲梯飛樓覘城中也又有四桄御覽注音光許洞同又作梲桄相去三尺勢微曲遞互互御覽作牙字本通相檢御覽

作括飛於雲間以窺城中有李筌作其上城梯李筌無首冠雙李筌
贅一雙字轆轤枕城而上謂之飛雲梯李筌改作首句
以御覽無大木爲牀下安四獨李筌無獨字輪上御覽上有牀字建雙
腣李筌作陛腣以牛革爲障間橫檢御覽有括字李筌許洞無中立獨竿武備志有
云竿首施羅匡木上置砲梢首如桔槔狀其李筌有高字竿高下長短大
小以城爲準首御覽首上有竿字李筌同以窼王本作窠盛石大小李筌作小
大多少隨竿御覽無力所制人挽其端而御覽無李筌同投之其
車御覽無車推轉逐便而用之亦可埋腳著地逐便御覽無逐便李
筌同而用其旋風四腳亦可御覽無可隨事而用御覽李筌下有之字謂
之拋唐順之武編作砲車李筌改炮車作首句

作軸軸抽也入轂中可抽出也轉御覽作轉軸車車上定十二石弩弓殿本有弓字以鐵鉤繩連御覽下有轉字車行軸轉引弩弓持滿弦御覽李筌下有挂字牙上弩爲七衢御覽作衝許洞同李筌書注云疑作衝可見是襲取衞公兵法中衢又作衝大許洞作火箭一鏃刃李筌無長七寸廣李筌改作圍五寸箭簳御覽作竿李筌作笴長三尺圍五寸以鐵葉御覽作鍱音業爲羽左右各三箭次李筌作差小於中箭其牙一發諸箭齊起及七百步所中城壘無不摧隕李筌改作崩潰無下句樓櫓亦顛墜謂之車弩李筌改作首句金人謂之划車弩牀見王允初守城錄以木爲脊長一丈徑一尺五寸下安六腳比轒轀車下多二輪闊而上尖高七尺內李筌無內字可容六人以溼牛皮蒙之

人蔽其下㚷李筌上有其字直抵城下木石鐵李筌作金許洞作鐵火所不能敗李筌作及則用攻其城謂之小御覽作尖李筌同頭木驢於城外起李筌作堆土爲山乘城而上古謂之土山李筌書止此二句今謂御覽無謂字之壘道用生牛皮作小屋并四面蒙之屋中置運土人以防攻擊者士山卽孫子所謂距闉也鑿地許洞上有地道二字爲道行於城下用攻其城柱往建柱積薪於其御覽無其柱圖御覽作閒是而燒之柱折城摧御覽下多謂之地道四字以八輪車李筌無車字上樹高竿竿上安轆轤李筌作鹿盧以繩挽板屋止御覽許洞作上李筌同竿首以窺城中板御覽作版屋方四尺高五尺李筌書二語互易其次有十二孔四面別李筌許洞作列布車

可進退圜（李筌作闤）城而行於營中遠視亦（李筌無亦字）謂之巢車如鳥（李筌作狀若）之巢即今之板屋也以板（御覽作版）爲幔立桔槔於四輪車上懸幔逼城堞閒（李筌無閒字）使趫捷者（御覽注太白陰經曰使趫卒蔽之足見其參李筌書也）蟻附而上矢石所不能及謂之木幔（二字李筌首句通典一百六十御覽三百三十七）以小瓢盛油冠（許洞作灌）矢端射城樓櫓板木（李筌無木字）上瓢敗油散因燒矢鏃內簳中（李筌作後以火箭）射油散處火立然（李筌然改作焚）復以油瓢續之則樓櫓盡焚謂之火箭（二字李筌首句杜牧孫子注引火箭火杏等作兵法）磨杏子（李筌作核）中空以艾（李筌作內火）實之繫雀足上加火薄

暮羣放李筌有之字飛入城壘中棲宿其積聚廬舍須臾火發謂之火杏李筌首句改作雀杏字通典一百六十御覽三百二十一攻城戰具

軍行沙積鹹鹵之中之中下李筌作有水謬極有野馬黃羊蹤尋之有水李筌改作野鳥野羊之聚有水非是烏作烏御覽誤鳥烏所集處有水地生葭葦蘆菼御覽吐敢反菰蒲之處下有伏泉地有蟻壤之處下有伏泉通典一百五十七以在先據要地下未注明兵法御覽三百零六

渴烏隔山取水以大竹筩去節總要多二字雄雌相接勿令漏洩以麻漆封裹推過山外就水置筩入水五尺即於筩尾取松樺乾草當筩放火火氣潛通水所即應而上踰越山阻以絙繫竿頭引挂高處凝固總要多一能字勝人便

即令上又增絙亦引入又加大絙續更汲上則東馬懸車可以立（他本辦識水泉隔山取水越山渡險作力辦通典一百五十七軍行取水）

附武編烟尋泉法（武編云入山遠道及砂磧之處乏水者掘一穴容一二石許用溼蓬艾滿中燒之火滿而閉留一穴相通四望之但見煙出處不論遠近掘之得泉脈也如石山中即近石掘之如土山即草木掘之砂磧擇高處掘之此能救急但煙出多水惟深更妙一食頃烟未出者再開一穴求之）

城之不可守者大而人少小而眾多糧寡而柴水不供壘薄而攻具不足土疏地下灌溉可汎邑闕人疲修緝未就凡若此類速徙之（王本作守拒法）壘高土厚城堅溝深糧實眾多地形阻險所謂無守而

無不守也故曰善守者敵不知其所攻

凡築城（李筌作古今度城之法者）下闊與高倍上闊與下倍城高五丈下闊二丈五尺上闊一丈二尺五寸高下闊狹以此爲準料功上闊下加闊（李筌作以下闊加上）得三丈七尺五寸半之（李筌作乘之）得一丈八（李筌作七）尺七寸五分以高五丈乘之一尺（李筌作丈）之城積數得九十三丈七尺五寸每一功（李筌作工）日築土二尺（李筌作丈）計功約四十七（李筌作六許洞作七）一步五尺（二字李筌無）之城計（二字李筌無）役二百三十五（李筌作七十八）人一百步（李筌作餘五丈）計功二萬三（李筌作七）千五（李筌作八）百（李筌作二十許洞異）人三百步計功七萬五百八卒一里則十里可知其出

士負籄（王本他作簣）並計之夫功之內（以城中壯男爲一軍壯女爲一軍老弱爲一軍三軍無令相遇壯男遇壯女則志散而力不專遇老弱則老使壯者悲弱使强者憐悲憐在心則使勇人更慮壯夫不戰此注本商子語李筌取入太白陰經築城篇中通典采而附之李兵法者）

凡敵欲攻即去城外五百步內井樹牆屋並塡除之井有塡不及（王本作盡）者投藥毒之木石甎瓦茭芻百物皆收之入不盡者並焚除之其什物五穀糗糒魚鹽布帛醫藥功（許洞作工）巧之（他本作我）具鍛冶秸藁茅荻蘆葦灰沙鐵炭松樺蒿艾脂麻皮氈荊棘笓籬釜鑊盆甕壘石木鍬斧錐鑿刀鋸長斧長刀長錐長鐮長梯短梯大鉤連鏁連枷連棒白棒蘆竹爲稕（之順反）插以松樺城上城下咸先

蓄積緣人間所要公私事物一切修緝拋砲同石大小隨事礨木長五尺徑一尺厚小至六七寸

城外四面壕內去城十步更立小隔城厚六尺高五尺仍立女牆通典注謂之羊馬城

城門懸板木爲重門

城門扇及樓堠以泥塗厚備火李筌改作塗門以泥塗門扇厚五寸以備火

此條御覽在塗扇下小異又見下文

城門先造連拒馬鎗壯銳以鏁連之

城內面別穿井四所置水車大瓮二十口竈十所

御敵御覽作樓櫓上建堠御覽作候樓以版御覽作板跳出爲櫓御覽引止

此與四外烽戍晝夜瞻視

城李筌無城字濠面闊二丈深一丈底闊一丈以面闊加底李筌作闊積數大半之李筌作三丈得數一丈五尺以深一丈乘之鑿壕一尺得數一十五丈每一人功李筌作工日出土李筌有土字三丈計李筌作一尺功五人一步五尺計功二十五李筌誤作三千人十步計功二百五十人百步計功二千五百人一里計功七萬五千人以此爲率則百里可知李筌改此爲鑿濠篇

弩李筌無臺總要作上狹下闊如城制面闊一丈六尺長三步與城相接臺上架屋制如廠棚三面垂以濡氈以遮垂鐘板高下與城等去城許洞作地百步每臺相去亦如

之下闊四丈高五丈上闊二丈上（謝本誤下）建女牆臺內通闇（許洞作暗）道安屈膝（李筌許洞同作膝）梯人上便卷收（李筌作之）中設氈幕置弩手（李筌作卒）五人（總要作十二人）備乾糧水火（等敵近城壘則攢弩射其首將李筌注案此即今炮臺所由來似宜參以碉樓如虛臺左右夾擊若今之外洋軍火則必以布袋盛沙堵之）

城上一步一甲卒十步加五人以備雜供之要五步有伍（宋本作五）長十步有什長五十步百步皆有將長文武相兼量材受任而統領精銳驍勇簡募或十隊二十隊三十隊大將副將各領隊巡城曉諭激勵赴救

城上立四隊別立四表以爲候視若敵欲攻之處則去

城五六十步即舉一表橦梯逼城舉二表敵若登梯舉三表欲攀女牆舉四表夜即舉火如表（武編夜則加火於表上虞候戰隊視舉表處急援）

城上四隊之間各置八旗若須木檩（音稟許洞作水標）極（殿本同）板舉蒼旗須灰炭稕（許洞作銅）鐵舉赤旗須擂（許洞作礌）木樵舉黃旗須沙石瓶瓦舉白旗須水湯不潔舉黑旗須（殿本許洞同）戰士銳卒舉熊虎旗須戈戟弓矢刀劍舉鷙旗須皮氈麻鏁（許洞作鏁）鍬钁斧鑿舉雙兔旗（宋本）城上舉旗主當之官隨色而供城內老小丁（許洞作婦）女除營食之外皆令應役城上分為八隊使識文者點檢常旗備擬物為分

他本作八部城內以上惟見通典御覽作突門於城中從此起李筌亦同對敵營自鑿
城內爲闇李筌作暗門多少臨事李筌作時令厚李筌同五六寸勿
穿或於李筌無中夜或御覽有或字李筌無於敵初來營列未定精
李筌作騎銳卒從突門躍躍殿本王本同出擊其無備襲其不意
城門先自鑿扇爲數十孔出强弩射之長矛刺之則敵
不得近門棧以泥厚塗之備火柴草之類貯積泥厚塗
之防火箭飛火通典一百五十二
鑿門爲敵所逼門先自鑿門扇爲數十孔出强弩射之
以上李筌書同長矛刺之則敵不得近門此上惟首句與通典小異塗棧棧又
作門以泥塗門上一作扇木棧厚可五寸以備火御覽三百三十七引陰經

許洞略同此從通典出仍兩存之

轉關橋一樑樑作梁李筌同御覽下多爲橋梁李筌無端着橫檢按檢按御覽作括

拔李筌同去其檢御覽無檢李筌無其檢橋轉關御覽無關人馬不得過

度過度御覽作渡李筌同皆傾水中御覽無中字李筌同下多秦用此橋而殺燕丹之句出李筌書無稽

笓音毗御覽無籬戟格戟謝本作戰誤於女牆上跳出椽李筌無出御覽作去李筌同牆三尺著御覽作內橫檢御覽作括李筌同掾安鎋前端安轉關李筌注以荊柳編爲李筌無爲字之長一許洞作二丈闊五尺縣安御覽無掾李筌作于椽端御覽無用遮李筌作以蔽矢石通典一百五十二御覽三百三

十七

布幔御覽有以字複布爲之之御覽作幔以弱竿縣御覽作懸李筌作橫掛於女牆御覽多外去牆外李筌無外字七五字許洞亦同八尺御覽有以字李筌無折拋一作砲石之勢則矢石不復及牆此句李筌無餘略同御覽

木弩以黃連桑柘爲之御覽作弩弓長一丈二尺徑七寸兩弰三寸御覽有以字絞車張之大矢自副御覽無此二字一發聲如雷吼李筌有以字敗隊之李筌無之字卒

鷰尾炬縛葦草爲之御覽作炬尾殿本無李筌同分爲兩李筌作二歧如鷰尾狀二字李筌無以油燤許洞作爉灌之加火從城李筌有上字墜下使人使人御覽作便李筌改作跨騎木驢而燒之此專以制木驢攻城如草逕或阻更以鑪融鐵汁施之潰爛須臾

松明（李筌作炬御覽有以木明李筌作松木燒之夜六字）以鐵鏁（又作縈）縋下巡城點（李筌同）照恐（御覽無恐）敵人夜中（御覽無夜中李筌作乘暗上城）乘城而上（以下御覽無）夜中城外每三十步縣大鐙於城半腹置警犬於城上吠之處郎須加備

脂（李筌作暗）油（御覽有燭）炬（御覽多燃登兼燭四字李筌同）於城中四衢要路門戶晨夜不得（李筌無得字）絕明用（李筌上有以字）備非常

行鑪融（李筌上有常字）鐵汁爐（殿本無許洞作轤字）舁行（御覽多於城上三字李筌同）以灑敵人游火（御覽作火以李筌無人及以字）鐵筐盛火加脂蠟（御覽作臘）鏁（御覽作鐵）縣（李筌上有索字）縋（李筌有墜城二字）下燒（李筌下有孔字）穴中腔（御覽作孔李筌作掘）城人

灰（李筌上有石字）麩（李筌無麩字）糠粃因風於城上擲（李筌作揚）之以眯敵（御覽多人字李筌同）目因以鐵汁灑之

連挺（御覽作棒）如打禾連枷狀用（二字李筌無）打女牆外（李筌無外字）上城敵人

釵（一本作杈）竿如槍刃為（李筌作有）兩歧叉用飛梯及（李筌作上及）人

鈎竿如（李筌作有）槍（御覽有刃）兩旁（李筌作邊字）有曲刃（刃李筌作鈎）可以鈎（鈎李筌作勾）物（御覽作搭）

油囊盛水於城上擲安（李筌作出字）火車中囊敗火滅（御覽作盛）

天井敵攻城為地道來返（李筌作攻反）自於地道上直下穿井以邀之積薪安（李筌無安字）井中加（御覽無加字）火薰之敵人

自焦灼李筌下有矣字

地聽於城內八方許洞作四隅穿御覽作鑿井各深二丈以新甖許洞作瓮用薄皮裹口如鼓使聽耳者於井中許洞作上字託甖而聽則去城五百步內悉知之審知穴處助鑿迎之與外相遇即就以乾艾一石燒令煙出以板於外密覆穴口勿令煙洩仍用韛袋鼓之又先爲桔槔縣鐵鏁長三丈以上束柴葦焦草而燃之墜於城外所穴之孔以煙燻之敵立死

地聽於城內八方穿鑿李筌無鑿字井各深二丈令李筌有人字頭覆戴新甕又作瓮於井中坐聽則城外李筌有五字百

步之內有（李筌有掘字）孔城地（李筌無地字）道者並聲（李筌無聲字）
聞（李筌有于字）甕中而辯知方所近遠矣（兵法設甕聽以瞽目人司之）
城上八隊之間安轉關小拋（同砲）二機關大拋一雲梯撞
拋等其（許洞無其字）間先從城身用木出跳（許洞作跳出）為重女
牆高於上女牆五寸以上以板覆其上隨事緩急而開
閉之敵若以大石擊牆樓石下之處出跳空中懸生皮
氈毯等袋以乘其石城內人家咸令置水防火先約失
火者斬火發之處多恐奸（許洞作姦）人放火但令便近主當
八部官人領老小丁（許洞作婦）女救之火起所部急白大將
大將領親信人左右救火城中有卒驚及雜人城上不

得輒離職掌亂殿本有走字街巷者斬敵若推輪排來攻先以許洞有手字拋石打手拋既眾所中必多來者被傷力不齊矣

凡攻城之兵禦捍矢石頭戴鍪許洞作鍪帽仰視不便袍甲厚重進退又難前既不得上城退則其師他本作跡逼迫人眾煩悶我作轉關女牆騰出城外以轆轤墜鐵索索頭安鐵鴟卻當聚鬧之處擲下撥人

敵若兵眾氣盛將卒有疑即迴易左右前後或替一日再動或數夜武編作日不移審察安危隨時變改飛書檄必誘我人速封馳送大將每夜巡城皆改易契令信人

持僞契巡行所由不覺罰之覺則送使有外往來主司押領上使輒不得問其事由外人輒不得與語

敵若縱火焚樓堞以麤竹長一丈鎪（音搜）去節以生薄皮合縫爲袋貯水三四石將筩納放袋內急縛如濺筒令壯士三五人撮木口急蹙之救火每門常貯兩具如無竹以木合筩（許洞作桶）漆之而用並小濺筩二十具兼助之門內常以瓮貯水添用（魏源城守篇防火攻法甚備）

敵若推轒車我作麤鐵鐶並屈桑木爲之用索相連轒頭適到速以鐶串轒（許洞作撞）頭於其傍便處分令壯士牽之翻倒弓弩兩射自然敗走

敵若木驢攻城用鐵蒺藜下而敦之其法以熟鐵闊徑尺長一尺二寸四條縱橫布如蒺藜形鎔生鐵灌其中央重五十斤上安其鼻連鏁擲下敦訖以轆轤抅上若木驢上有牛皮并泥敦著即舉速放火炬灌油燒火即前

燕尾炬法

凡敵攻城多背旺相起土爲臺我於城內薄築長高於敵臺一丈已上即自然制彼謝本作使無所施力

又於城上以木爲棚容兵一隊作長柄鐵鉤陌刀錐斧隨要便以爲之備若敵攀女牆踊身待其身出十鉤齊搭擊入城中斧刀助之

城若卑地下敵人壅水灌城速築牆(武編有壁字)壅諸門及陷穴處更於城內促圍(今本作團許洞作爲)周帀(許洞作匝武編同)覘水高中而(許洞作下狹武編同)闊別築(武編上有別字)牆(武編上有闊字)牆(許洞無牆字武編同)外取土高一丈以上城立立後於墻內取土而薄築之精兵備城不得雜役如有洩水之處卽十步爲一井井內潛通引洩漏城中速造船一二十隻簡募解舟檝者載以弓弩鍬钁(許洞作鑊)每船載三十人自(武編有開字)暗門銜枚而出潛往斫營決彼隄堰覺卽急走城上鼓噪(武編有以精銳三字)急出兵助之(武編又云所選之士須兼習水戰皮力不足則加船以追)敵有驍勇衝門入來門內多穿坑穽又於重牆內卒出

其不意敵必旁走自入穽中此防入城

城門外簡擇健卒貯備器具看敵懈怠即開門驍勇齊擊乘馳謝本作騎逐北不得過二百步緩急城上應接易爲敵攻日久衆巧俱施蟻附緣城不惜士衆野無所得糧路又絶兵衆離心將帥懈倦必精兵擁守防我城門我當乘閒驍雄四出與城上人應期內外齊攻專精與疲怠者尤絶必須審察賊多僞謀其所穴之孔於城內深門爲坑坑上安轉關板橋若敵入來得三五十人後啟發機關自然先斃

鐵簑御覽有杖字狀如鐵李筌無鐵字蒺藜御覽作蔾要路水中置之

以刺入馬李筌添之足二字

陷馬坑御覽多一坑字長五尺闊一尺深三尺坑中埋鹿角槍竹籤李筌作埋槍戟坑中其坑似李筌無似字亞李筌作十字字相連御覽上五字作十字相交狀如鉤李筌作勾字鏁以草及細塵覆其上御覽依李作覆以芻草葦木加之土種草實令生苗蒙覆其上軍李筌無軍字城營壘李筌無壘字要路皆李筌無皆字設之御覽注又引衛公兵法曰坑如亞字相連以草及細塵覆其上

拒李筌有柜字馬槍以木徑二尺長短隨事事字李筌作十用許洞作時十字鑿孔縱橫安檢御覽作括又注云一作檢明是引通典衛公兵法校李筌本也長一丈李筌無此三字銳其端可以塞城中御覽李筌均無中字門巷御覽李筌皆無巷字要路御覽此下有巷字李筌無入馬不得奔馳李筌添於前二字

木柵爲敵所逼不及築城壘或因山河險勢勢李筌許洞同作險多石少土不任板堞堞李筌作築乃李筌作其建立李筌無立字木爲之爲之二字御覽總要李筌皆作柵方圓高下隨事事許洞作時深李筌多一淺字埋木根許洞作棍重複彌縫其闕內重李筌作爲御覽有加字短御覽有木字爲閣御覽作閣道外柱木御覽總要作柱一李筌作柱外重李筌作層之出四尺爲女牆皆泥塗之總要下接柵外掘壕一重闊二丈深一丈云云內七尺又立閣道上七字李筌無內柱上布板木爲棧立欄殿本作柵字杆李筌無杆字御覽作竿下有行字許洞同於柵上縣御覽作懸門壅御覽作擁牆四字李筌無壕御覽作壕塹拒又作柦馬御覽有防字守一如李筌有守字城壘法守拒法

通典一百五十二

水槽李筌作水平且以此爲決水灌城之具未必然也凡決水灌城本非上策易失民心用之者恒不艮於死長二尺四寸兩頭及中間鑿爲三池池橫濶一寸八許洞作二縱濶一寸深一寸三分池間相去一尺五分李筌作寸中間有通水渠濶二分深一寸三分三李筌脫三字池各置浮木木王本無下木字闊狹微小於池筐厚三分上建立齒高八分闊一寸七分厚一分槽下爲武編作置轉關腳高下與眼等以水注之三池浮木齊起眇目視之三齒齊平則李筌作以爲高下準或十步或一里乃至數十里目力所及置照版度竿亦以白武編作勾繩計其尺寸則高下丈尺分寸可知謂之水平通典一百六十水平及戰具○御覽三百二十一

照版形如方扇長四尺下二尺黑上二尺白面許洞武編同闊三尺柄長一丈王本今作尺大可握度竿長二丈刻作二百寸二千分每寸內小刻五字李筌無其分隨向遠近高下立竿以照版映之眇目視三浮木齒及照版謝本誤缺以度竿上尺寸爲高下遞王本作遞而往視尺寸相乘則山岡溝澗水源下高深淺以分寸而李筌作尺度

水戰之具其船闊狹長短隨用大小勝平聲許洞作載人多少皆以米爲率一人重米二石其楫棹篙櫓帆席絙索沈石調度與常船不殊

樓船李筌無 船上建樓三重列女墻戰格樹幡李筌作旗 開弩窗矛李筌作穿 穴置抛砲也 車礨檑同 石李筌作木 鐵汁狀如城壘忽遇暴風人力不能制此亦非便於事然爲水軍不可不設以成形勢案此一條李筌改作水戰具篇之序

蒙衝釋名作艨衝以衝突敵船云 以生牛皮蒙船覆背兩廂開掣棹孔前後二字王本有 左右有弩窗矛穴敵不得近矢石不能敗李筌作及 此不用大船務於疾速李筌改作速進速退 乘人之不及非戰之船也

鬬艦李筌作戰 艦釋名上下重板曰艦四方施板以禦矢石 船上設女墻可高三尺墻下開掣棹孔船內五尺又建棚許洞作柵 與女墻齊棚上

又建(李筌多棚爲二字)女牆重列戰敵(李筌作格)上無覆背前後左右樹牙旗幡幟金鼓此戰船也

走舸舷上立女牆置棹夫(李筌改卒)多戰卒少皆選勇力精銳者往返如飛鵰(王本今作鷗)乘人之不及金鼓旗幟列之於上此戰船也

遊艇(釋名二百斛以下曰艇李筌加以備探候四字)無女牆舷上置槳床左右隨大小長短四尺一牀(御覽牀八尺)計會進止迴軍轉陣其疾如風虞候居之非戰船也

海鶻頭低尾高前大後小如鶻之狀舷下左右置浮版形如鶻翅翼以助其船(四字李筌無)雖風濤漲天免有傾側

覆背上左右張生牛皮爲城牙旗金鼓如常法此江海之中戰船也以上御覽三百三十四

軍行遇大水河渠溝澗無津梁舟筏以木罌渡用御覽作以引從此起木縛罌謝本作瓮御覽作甕受二石力勝一人罌間闊五寸底以繩勾聯編槍於其上形長而謝本作勿方前置拔頭後置稍御覽作矟左右置棹又用槍桄謝本作筏槍十根爲一束一束王本御覽則作力勝一人四千一百六十六根卽成一桄謝本作束皆去鑽刊御覽作刃謝本因誤加刃字以束爲魚鱗次橫檢李筌作栝而縛之可渡四百一十六人以此爲率用少用濟以上御覽引作太白陰經濟水具篇無以此爲率八字其增減通典之迹具見

又用蒲栰以蒲九尺圍顛倒成（王本御覽缺謝本作爲）束十道縛以束槍爲栰量長短多少無蒲亦用葦栰量大小以濟八

又用挾絙以善游（御覽作水）者繫小繩先浮渡水次引大絙於兩岸立大橛（武編作柱）急定絙使人挾絙浮渡大軍（二字李筌無）可爲數十道

衞公兵法輯本卷之下終

舊唐書李靖傳攷證 汪宗沂取附衞公兵法後

李靖本名藥師

衞公碑新唐書冊府元龜均作字藥師蓋後以爲字

又按名人年譜衞公生於周武帝太和六年辛卯

雍州三原人也

屬京兆今西安府碑云隴西成紀人林侗謂公嘗爲

令三原或因而家焉

祖崇義後魏殷州刺史父詮隋趙郡守靖姿貌

瓌偉少有文武材略

通鑑少字下多負志氣三字

每謂所親曰大丈夫若遇主逢時必當立功立事以取富貴

冊府作嘗曰大丈夫若遇明君撥亂膺期當建功名甯作章句儒耶按太平廣記引國史記及劉餗隋唐嘉話云衛公李靖始困於貧賤因過華山廟訴於神且請告以官位所至辭色抗厲觀者異之佇立良久乃去出廟門百許步聞後有大聲曰李僕射好去顧之不見人後竟至端揆而鄺露赤雅云李衛公少年憤隋亂上書西嶽文最激昂後爲桂州行軍總管刻於句漏其眞蹟用黃絹書上半元時燬於火後半餘

四十字筆法遒勁其波掠處如快劍斫馬令入猶女
雲韠娘家子跋其後
其舅韓擒虎號爲名將每與論兵未嘗不稱善撫之曰
可與論孫吳之術者惟斯人矣
通鑑作可與言將帥之略者獨此子耳
初仕隋爲長安縣功曹後歷駕部員外郎
新唐書作仕隋爲殿內直長碑云爲隋汲縣令歷三
原安陽考績連最
左僕射楊素吏部尚書牛宏皆善之素嘗拊其牀謂靖
曰卿終當坐此

洪容齋隨筆謂靖上急變高祖定京師將斬之而止必無先識太宗事且煬帝在江都時楊素已死十餘年矣杜光庭虬鬚客傳大抵皆妄云王曇仲瞿題安吉金鐘山李王廟詩并書夫人寢碑辨小說虬髯客傳之誣云公為韓擒虎外甥初見楊素即有拊牀推坐之目是必無私其侍姬為申公巫臣之為者小說欲以英雄推夫人故重誣衛公矣詩以辨之我讀虬髯傳不然夫人故冢象祁連衛公謹畏如乎日越國房幃況晚年侍史忍辭袁盎去舍人深負孟嘗賢唐書兩種難憑信況是虞初九百篇按唐人行卷多作小說以見才邀知

如今人傳奇院本大抵多空中結搆虬髯客傳亦其一也

大業末累除馬邑郡丞會高祖擊突厥於塞外靖察高祖知有四方之志因自鏁上變將詣江都至長安道塞不通而止高祖克京城執靖將斬之靖大呼曰公起義兵本爲天下除暴亂不欲就大事而以私怨斬壯士乎高祖壯其言太宗又固請遂舍之太宗尋召入幕府

劉餗隋唐嘉話王讜唐語林均云隋大業中李衛公上書高祖終不爲人臣請速除之後高祖入京城靖與滑儀衛文升等俱見收衛滑既死太宗慮囚見靖引與語固請於高祖而免之按此說未甚確高祖入

長安時衞文昇已前死所戮者陰世師滑儀等耳衞
公亦未嘗俱收也
武德三年從討王世充以功授開府
冊府作在武德二年者誤新書討作平按竇建德救
洛陽惟郭孝恪及記室薛收決策據成皋以待敵卒
勝之而衞公不言者蓋新附孤立不欲以材智先人
假他人主其議耳觀薛收之策識時審勢非文士所
及當出公授意
時蕭銑據荆州遣靖安輯之輕騎至金州遇蠻賊數萬
屯聚山谷廬江王瑗討之數爲所敗靖與瑗設謀擊之

多所克獲既至硤州阻蕭銑久不得進高祖怒其遲留陰敕硤州都督許紹斬之紹惜其才爲之請命於是獲免

通鑑作唐主遣開府李靖詣夔州經略蕭銑靖至峽州阻銑兵不得進唐主陰敕峽州刺史安陸許紹斬之紹惜其才爲之奏請得免

會開州蠻首冉肇則反率眾寇夔州趙郡王孝恭與戰不利靖率兵八百襲破其營後又要險設伏臨陣斬肇則俘獲五千餘人高祖甚悅謂公卿曰朕聞使功不如使過李靖果展其效因降璽書勞曰卿竭誠盡力功效

特彰遠覽至誠極以嘉賞勿憂富貴也又手敕靖曰既往不咎舊事吾久忘之矣

案峽州今宜昌府趙郡王通鑑作郡公襲破其營柵府改營作城非是

四年靖又陳十策以圖蕭銑高祖從之授靖行軍總管兼攝孝恭行軍長史高祖以孝恭未更戎旅三軍之任一以委靖

通鑑云峽州兵伐梁拔荊門鎮黔州兵伐梁又拔其五州四鎮至是靖說孝恭攻取蕭銑十策孝恭上之朝又云靖說孝恭悉召巴蜀酋長子弟量才授任置

之左右外示宏擢實以爲質又唐書孝恭傳云孝恭
獻平銑之策兩事互見知衞公實因孝恭得上所獻
策也冊府作三年詔以孝恭爲夔州總管使大造舟
艦教水戰使靖爲行軍總管委以軍事通鑑作九月
詔發巴蜀以趙郡王孝恭爲荆湘道行軍總管李靖
攝行軍長史統十二總管自夔州順流東下新書作
九月拔荆門宜都乃四年九月靖進兵時事
其年八月集兵於夔州銑以時屬秋潦江水泛漲三峽
路險謂靖必不能進遂休兵不設備九月靖乃率師而
進將下峽

通鑑作時峽江方漲

諸將皆請停兵以待水退靖曰兵貴神速機不可失今吾兵始集銑尚未知若乘水漲之勢倏忽至其城下所謂疾雷不及掩耳此兵家上策縱彼知我倉卒徵兵無以應敵此必成禽也孝恭從之

通鑑作蕭銑鄂州刺史以魯山來降趙郡王孝恭帥戰艦二千餘艘東下銑以江水方漲殊不為備孝恭等拔其荊門宜都二鎭

鄂州今武昌府魯山在其西江北岸荊門鎭在荊門山下宜都今宜昌府即夷陵也

按疾雷不及掩耳此兵家上策語出太公兵法今六弢中亦有之王頎勸楊諒長驅深入亦引之新書改爲震霆不及掩聰非衞公引書本旨也

進兵至夷陵銑將文士宏率精兵數萬屯清江孝恭欲擊之靖曰士宏銑之健將士卒驍勇今新失荊門盡兵出戰此是救敗之師恐不可當也宜且泊南岸勿與爭鋒待其氣衰然後奮擊破之必矣孝恭不從留靖守營率師與戰賊合戰孝恭果敗奔於南岸賊委舟大掠人皆負重靖見其軍亂縱兵擊破之獲其舟艦四百餘艘斬首及溺死將萬人

通典作孝恭遣靖按營自以銳師水戰語更詳册府作靖止之曰楚人輕銳難與爭鋒今新失荆門盡兵出戰此救敗之師也非其本圖勢不能久一旦不戰敵必兩分留輕兵以抗我退羸師以自守此卽勢攜力弱擊之必捷語尤明暢通鑑作孝恭先擊破文士宏兵數萬於淸江追奔至百里洲又敗之進入北江降銑江州總管而以屯兵南岸救敗取勝爲銑恐見兵出拒戰之時與情事不合蓋文士宏所屯者精兵不易破而屢敗之後烏合之衆何堪拒戰哉又通典作委舟收掠軍貲御覽作賊委舟大掠史傳脫委字

淸江在長陽縣卽夷水也

孝恭遣靖率精兵五千爲先鋒至江陵屯營於城下士宏旣敗銑甚懼始徵兵於江南果不能至孝恭以大軍繼進靖又破其驍將楊君茂鄭文秀俘甲卒四千餘人更勒兵圍銑城明日銑遣使請降靖卽入據其城號令嚴肅軍無私焉

通典冊府御覽作仍率所部星馳進發營於荊州城下又乘勝進入其外郭攻其水城克之悉取其舟艦散江中諸將皆諫曰虜得賊船當藉其用何爲棄之無乃資賊耶靖曰蕭銑之地南出嶺表東拒洞庭吾

懸軍深入若攻城未拔援兵四集吾表裏受敵進退不獲雖有舟檝將安用之今棄使敵江而下援兵見之必謂江陵已破未敢輕進往來覘伺動淹旬月吾取之必矣銑救兵至巴陵見船被江而下果狐疑不敢輕進銑衆莫不震懾遂圍城數重銑內外阻絕城中疑貳由是懼而出降

時諸將咸請孝恭云銑之將帥與官軍拒戰死者辠狀既重請籍沒其家以賞將士靖曰王者之師義存弔伐百姓既受驅偪拒戰豈其所願且犬吠非其主無容同叛逆之科此蒯通所以免大戮於漢祖也今新定荊郢

宜宏寬大以慰遠近之心降而籍之恐非救焚拯溺之義但恐自此以南城鎮各堅守不下非計之善於是遂止江漢之域聞之莫不爭下以功授上柱國封永康縣公賜物二千五百段詔命檢校荊州刺史承制拜授乃度嶺至桂州遣人分道招撫其大首領馮盎李光度甯眞長等皆遣子弟來謁靖承制授其官爵凡所懷輯九十六州戶六十餘萬優詔勞勉授嶺南道撫慰大使檢校桂州總管

通典卑狀既重上無死者二字碑作平江陵授公嶺南安撫大使通鑑作諸將欲大掠以岑文本言於孝

恭禁止之諸將又言梁之將帥與官軍戰鬬死者云云靖曰彼爲主鬬死乃忠臣也豈可同叛逆之科籍其家乎於是城中安堵秋毫無犯南方州縣聞之望風款附銑降數日援兵至者十餘萬聞江陵不守皆釋甲而降

十六年（冊府作六年十字衍）輔公祏於丹陽反詔孝恭爲元帥靖爲副以討之李勣任瓌張鎮州黃君漢等七總管並受節度師次舒州公祏遣將馮惠亮率舟師三萬屯當塗公祏本傳作屯博望山（即太平府之東梁山）通典作柵斷江口傍江築城

陳正通徐紹宗領步騎二萬屯青林山

冊府作據當塗南路亦造柵自固並蓄勢養銳以抗

大軍通鑑亦作三萬青林山卽當塗之青山

仍於粱山連鐵鏁以斷江路築卻月城延袤十餘里與惠亮爲犄角之勢孝恭集諸將會議皆云惠亮正通並握强兵爲不戰之計城柵既固卒不可攻請直指丹陽掩其巢穴丹陽既破惠亮自降孝恭欲從其議靖曰公祏精銳雖在此水陸二軍然其自統之兵亦皆勁勇惠亮等城柵尚不可攻公祏既保據石頭豈應易拔若我師至丹陽留停旬月進則公祏未平退則惠亮爲患此

便腹背受敵恐非萬全之計惠亮正通皆是百戰餘賊必不憚於野戰止爲公祏立計令其持重但欲不戰以老我師今欲攻其城柵乃是出其不意滅賊之機唯在此舉孝恭然之靖乃率黃君漢等先擊惠亮苦戰破之殺傷及溺死者萬餘人惠亮奔走靖率輕兵先至丹陽公祏大懼先遣僞將左遊仙領兵守會稽以爲引援公祏擁兵數萬棄城東走以趨遊仙至吳郡與惠亮正通並相次禽獲江南悉平

冊府作公祏不敢復戰擁兵東走並相次擒獲

通鑑作又結壘江西以拒官軍又云孝恭與李靖帥

舟師次舒州李世勣率步卒一萬度淮拔壽陽次硤石惠亮等堅壁不戰孝恭遣奇兵絕其糧道惠亮等軍乏食夜遣兵薄孝恭營孝恭堅臥不動又云我今攻其城以挑之一舉可破也孝恭然之使贏兵先攻賊營而勒精兵結陣以待之攻壘者不勝而走賊出兵追之行數里遇大軍與戰大破之轉戰百餘里博山青林兩戍皆潰惠亮正通等遁歸胡三省謂李公此議與長孫無忌安市之議略同而李靖決勝太宗無功及安市班師靖咎其不能用道宗之策此用兵所以難也案高麗一役誤於李勣不從先攻建安之

策無忌不從先攻烏骨之策也烏骨無備丹陽有備

事勢本不同不可以無忌與公並論

於是置東南道行臺拜靖行臺兵部尚書賜物千段奴婢百口馬百匹其年行臺廢又檢校揚州大都督府長史丹陽連罹兵寇百姓彫弊靖鎮撫之吳楚以安

時以孝恭爲行臺右僕射

八年突厥寇太原以靖爲行軍總管統江淮兵一萬與張瑾屯大谷時諸軍不利靖衆獨全尋檢校安州大都督高祖每云李靖是蕭銑輔公祏膏肓古之名將韓白衞霍豈能及也

御覽八年七月頡利領十餘萬騎大掠朔州又襲張瑾於太原瑾全軍沒脫身奔於李靖靖出師拒戰頡利不得進屯於并州太宗率師討之次蒲州頡利引去通鑑作張瑾與突厥戰於大谷全軍覆沒行軍長史中書侍郎溫彥博被執

九年突厥莫賀咄設寇邊徵靖爲靈州道行軍總管頡利可汗入涇陽靖率兵倍道趨豳州邀賊歸路旣而與虜和親而罷太宗嗣位拜刑部尚書并錄前後功賜實封四百戶貞觀二年以本官兼檢校中書令

隋唐嘉話及唐語林云武德末年突厥至渭水橋控

弦四十萬太宗初親庶政驛召李衞公問策時發諸州府軍未至長安居人勝兵者不過數萬突厥精騎衝突挑戰日數十合帝怒欲擊之靖請傾府庫賂以求和潛軍邀其歸路帝從其言突厥兵遂退於是據險邀之虜遂棄老弱而遁獲馬數百匹金帛一無遺焉通鑑八月丙子突厥寇并州京師戒嚴渭橋一役太宗命長孫無忌李靖伏兵於豳州以待之

三年轉兵部尚書

劉餗隋唐嘉話太宗將誅蕭墻之惡以匡社稷謀於衞公李靖靖辭謀於英公徐勣勣亦辭帝以是珍此

二人又云太宗燕見衞公常呼爲兄不以臣禮
突厥諸部離叛朝廷將圖進取以靖爲代州道行軍總管率驍騎三千自馬邑出其不意直趨惡陽嶺以逼之突利可汗不虞於靖見官軍奄至於是大懼相謂曰唐兵若不傾國而來靖豈敢孤軍而至一日數驚靖候知之潛令閒諜離其心腹其所親康蘇密來降四年靖進擊定襄破之獲隋齊王暕之子楊正道及煬帝蕭后送於京師可汗僅以身遁以功進封代國公賜物六百段及名馬寶器焉太宗嘗謂曰昔李陵提步卒五千不免身降匈奴尚得書名竹帛卿以三千輕騎深入虜庭克

復定襄威振北狄古今所未有足報往年渭水之役
通鑑上以代州都督張公謹陳突厥可取之狀有六
因謂頡利既請和親復援梁師都命兵部尚書李靖
爲行軍總管討之以張公謹爲副
自破定襄後頡利可汗大懼退保鐵山遣使入朝謝罪
請舉國內附方自入朝又以靖爲定襄道行軍大唐書宰相世系表總管往迎頡利頡利雖外請朝謁而潛懷猶豫
冊府作頡利雖請入朝猶持兩端待草青馬肥將踰
沙磧通鑑以授大總管在三年又紀此事於遣唐儉
後

其年二月太宗遣鴻臚卿唐儉（冊府作戶部尚書）將軍安修仁慰諭靖揣知其意謂將軍（通典御覽皆作副將）張公謹曰詔使到彼虜必自寬（通鑑作若）遂選精騎一萬齎二十日糧引兵自白道（通鑑作往）襲之（通鑑作不戰可擒矣）公謹曰詔許其降行人在彼未宜討擊

按冊府張公謹傳陳突厥有可取之狀以代州都督爲靖副將而臨事乃遲疑如此又冊府引舊唐書李勣傳以爲斯計出自勣并謂靖扼腕喜曰公之此謀乃韓信滅田橫之策於是定計云云似非事實通鑑謂靖引兵與李勣會白道情事亦未合謂勣軍於積

口頡利至不得度方合蓋勣方出雲中大破突厥於白道軍扼磧口虜五萬餘口是其功也不得分衞公決策之功由勣當國久史多附會致失實耳

靖曰此兵機也時不可失韓信所以破齊也如唐儉等輩何足可惜督軍疾進師至陰山遇其斥候千餘帳皆俘以隨軍頡利見使者大悅不虞官兵至也靖軍將偪其牙帳十五里虜始覺頡利畏威先走部衆因而潰散靖斬萬餘級俘男女十餘萬殺其妻隋義成公主頡利乘千里馬將走投吐谷渾（通鑑作任城王道宗引兵逼之）西道行軍副總管張寶相禽之以獻

通典作靖前鋒乘霧而行將逼其牙帳七里蘇定方
傳作正道府折衝蘇定方率二百騎去賊一里許望
見其牙帳馳掩殺數十百人李勣傳云勣屯軍磧口
頡利餘軍不得度磧
俄而突利可汗來奔（通典作降）遂復定襄常安之地斥土界
自陰山北至於大漠太宗初聞靖破頡利大悅謂侍臣
曰朕聞主憂臣辱主辱臣死往者國家草創太上皇以
百姓之故稱臣於突厥朕未嘗不痛心疾首志滅匈奴
坐不安席食不甘味今者暫動偏師無往不捷單于款
塞恥其雪乎於是大赦天下酺五日御史大夫溫彥博

害其功譖靖軍無綱紀致令虜中奇寶散於亂兵之手太宗大加責讓靖頓首謝久之太宗謂曰隋將史萬歲破達頭可汗有功不賞以罪致戮朕則不然當赦公之罪錄公之勳詔加左光祿大夫賜絹千匹眞食邑通前五百戶未幾太宗謂靖曰前有人讒公今朕意已悟公勿以爲懷賜絹二千匹拜尚書右僕射

新書譖者爲蕭瑀通鑑同此作彥博宋孔平仲續世說亦作溫彥博彥博於是年二月已爲中書令三月方擒頡利似蕭瑀爲近唐宰相世系表御史大夫蕭瑀七月癸酉罷爲太子少傅八月甲寅以李靖爲尚

書右僕射則譏公者爲蕭瑀無疑且彥博曾爲敵執何顏進譏或瑀之譖出於彥博授意則未可知觀議區處突厥降衆一事太宗獨從彥博之策其時正蒙主眷則嫉公功者或彥博主持也案孫甫唐史論斷曰太宗之明李靖之賢君臣之心可無間矣況靖深入虜地方成大功安得容譏人之言且謂靖軍無綱紀致以虜中奇貨散於亂兵之手此不識事體之言也靖善用兵法令素整以少精騎深入虜中無綱紀安得能成功乎虜中奇貨若果有之散之兵衆正得其宜突厥淩中國久矣一旦平之張天威雪國恥安

邊甯人非靖盡心兵眾盡力何以成此功且寶貨散之軍眾是上不奉君欲下足恩眾心故謂正得事宜但不知寶貨之果有無耳太宗為君何至以奇寶為意猜疑賢將尚賴仁明之德不行重責靖之忠誠無所觖望不然君臣之閒兩有大過矣及數月始悟其事命靖為相亦足光其功德宜罪讒人以戒於後世可也

靖性沈厚每與時宰參議恂恂然似不能言八年詔為畿內道黜陟大使伺察風俗尋以足疾上表乞骸骨言甚懇至太宗遣中書侍郎岑文本謂曰朕觀自古已來

身居富貴能知止足者甚少不問愚智莫能自知才雖不堪強欲居職縱有疾病猶自勉強公能識大體深足可嘉朕今非直成公雅志欲以公爲一代楷模乃下優詔加授特進聽在第攝養賜物千段尚乘馬兩匹祿賜國官府佐並依舊給患若小瘳每三兩日至門下中書平章政事九年正月賜靖靈壽杖助足疾也

宰相世系表作八年十月丙寅詔靖三兩日一至門下中書平章政事又八年十一月辛未李靖罷爲特進案衞公爲僕射君集爲兵部尚書自朝還省君集馬過門數步不覺靖謂人曰君集不在人必將反矣

見隋唐嘉話

未幾吐谷渾寇邊太宗顧謂侍臣曰得李靖爲帥豈非善也靖乃見房玄齡曰靖雖年老固堪一行

孫甫唐史論斷曰天子善任人而所主威柄則大臣不驕不驕則中外均肅太宗以吐谷渾拒命一日謂侍臣曰欲李靖爲帥討之靖功名之大爲當世勳臣首方以老病居家聞其言亟見執政請行太宗使大臣如是功名不逮於靖筋力未衰於靖者敢驕慢乎人臣不敢驕慢則各盡才節人臣各盡才節天下事不足治矣天子使人至是者無他善任人而能主威

柄也

太宗大悅卽以靖爲西海道行軍大總管統兵部尚書侯君集刑部尚書任城王道宗涼州都督李大亮右衛將軍李道彥利州刺史高甑生等三通典作五總管征之九年軍次伏俟城吐谷渾燒去野草以餒我師退保大非川諸將咸言春草未生馬已羸瘦不可赴敵唯靖決計而進深入敵境遂踰積石山前後戰數十合殺傷甚衆大破其國吐谷渾之衆遂殺其可汗新書名伏允來降靖又立大甯王慕容順而還

通鑑作任城王李道宗敗吐谷渾於庫山大河以南

正路爲今松潘廳此道不可進故改從庫山又云靖督諸軍經積石山河源窮其西境薛萬均兄弟大破天柱王於西海先敗後勝何力助之李大亮敗吐谷渾於昌渾山左領軍將軍契苾何力選驍騎千餘襲伏允牙帳於突倫川通典江夏王道宗固請追討靖然之而君集不從道宗遂率偏師倍道徑往去大軍十日追擊之賊據險苦戰道宗遣千騎踰山襲其後表裏受敵一時奔潰李大亮傳作與大總管李靖等出北路涉青海歷河源侯君集傳亦云靖乃中分士馬爲兩道並入靖與薛萬均李大亮趣北路使君集

道宗趣南路通鑑作俟君集決策進攻李靖從之因分道靖部將薛孤兒敗吐谷渾於曼頭山斬其名王大獲雜畜以充軍食靖等敗吐谷渾於牛心堆又敗諸赤水源君集道宗引兵行無人之地二千餘里大破伏允於烏海君集等進逾星宿川至柏海還與靖軍合

初利州刺史通鑑作岷州都督 高甑生為鹽澤道總管以後軍期靖薄責之甑生因有憾於靖及是與廣州都督府長史唐奉義告靖謀反太宗命法官案其事甑生等竟以誣罔得罪靖乃闔門自守杜絕賓客雖親戚不得妄進

通鑑總管高甑生後軍期李靖案之甑生誣靖謀反
案驗無狀甑生坐減死徙邊或言甑生秦府功臣宜
寬其罪上曰甑生違李靖節度又誣其反此而可寬
法將安施且國家自起晉陽功臣多矣若甑生獲免
則人人犯法安可復禁乎爲此不敢赦耳洪容齋隨
筆謂李靖爲相以足疾就第會吐谷渾寇邊卽往見
房喬曰吾雖老尚堪一行既平其國而有高甑生誣
罔之事幾於不免似謂衛公自請行不知其出於太
宗之意事未核而論不實矣又案九年十一月特進
蕭瑀參豫朝政十年罷爲岐州刺史則甑生之譖仍

迎合蕭瑀意也胡三省曰以李靖事太宗然猶如此
豈非功名之際難居哉
十一年改封衛國公授濮州刺史仍令代襲例竟不行
十四年靖妻卒有詔墳塋制度依漢衛霍故事築闕象
突厥內鐵山吐谷渾內積石山形以旌殊績十七年詔
圖畫靖及趙郡王孝恭等二十四人於淩煙閣十八年
帝幸其第問疾仍賜絹五百匹進位衞國公開府儀同
三司
隋唐嘉話太宗令衛公教侯君集兵法既而君集言
於帝曰李靖將反矣至於微隱之術輒不以示臣帝

以讓靖靖曰此乃君集反爾今中夏乂安臣之所教足以制四夷矣而求盡臣之術者將有他心焉

太宗將伐遼東召靖入閣賜坐御前謂曰公南平吳會北清沙漠西定慕容唯東有高麗未服公意如何對曰臣往者憑藉天威薄展微效今殘年朽骨唯擬此行陛下不棄老臣病期瘳矣太宗愍其羸老不許

隋唐嘉話太宗將征遼衞公病不能從帝使執政等召之不果起帝曰吾知之矣明日駕臨其第執手與別靖謝曰老臣宜從但犬馬之疾日月增甚恐死於道路仰累陛下帝撫其背曰勉之昔司馬仲達非不

老病竟能自强立勳魏室靖叩頭曰老臣請轝病行矣至相州疾篤不能進上至駐驊山高麗與靺鞨合軍方四十里太宗望見之有懼色江夏王進曰高麗傾國以抗王師平壤之守必弱請假臣精卒五千覆其本根則數十萬之衆可不戰而降帝不應旣合戰爲敵所乘殆將不振還謂衞公曰吾以天下之衆困於蕞爾之夷何也靖曰此道宗所解時江夏王在側帝顧之道宗具陳前言帝悵然曰當時怱遽不憶也可見衞公無意居伐遼之功容齋隨筆偏據唐書不加參考竟以爲將帥貪功大抵宋人多不甚服衞公

此國勢兵勢所以日弱也又案道宗策甚善而不應者全軍深入力支大敵惟恐不足不敢分兵也且令偏師直進地利不熟恐冒險耳孔明不從魏延子午谷策也亦然凡行軍不預知地圖形勢又不獲取資向導故臨時無以決進止耳太宗決三策以破高麗之衆其不用道宗策正由欲自專一戰之功不肯分兵以自弱至既勝之後不攻建安不攻烏骨頓兵安市堅城之下又有李勣克城之日男女皆斬之請所以卒不能成功而退也

二十三年薨於家年七十九册贈司徒并州都督給班

劍四十人羽葆鼓吹陪葬昭陵謚曰景武
册府靖有疾太宗親幸第流涕謂曰公是朕平生舊交又於國有大功忽聞疾病深以爲憂賜絹一千匹又韋端符記云公疾文帝親臨數四其一札云有晝夜視公疾大老嫗遣來吾欲熟知起居狀權文公德輿視此詔捧泣曰君臣之際乃如是耶公之勞烈固有以感之也又案賜陪葬詔作使持節都督并汾箕嵐四州諸軍事又稱贈儀同三司上柱國衞國公明趙嗣游九嵕記云李衞公碑已殘破與諸碑同而上半特完好冢中作三山形文皇以象其功土人謂之

上三冢林倜昭陵石蹟考云墓在陵東南第八列第
三區劉洞村東碑為王知敬書今存千三百字
子德謇嗣官至將作少匠靖弟客師貞觀中官至右武
衛將軍以戰功累封丹陽郡公永徽初以年老致仕性
好馳獵四時從禽無蹔止息有別業在昆明池南自京
城之外西際灃水鳥獸皆識之每出則鳥鵲隨逐而噪
野人謂之鳥賊總章中卒年九十餘客師孫令問玄宗
在藩時與令問款狎及即位以協贊功累遷至殿中少
監先天中預誅竇懷貞等功封宋國公實封五百戶令
問固辭實封詔不許開元中轉殿中監左散騎常侍知

尚食事令問雖特承恩寵未嘗干與時政深爲物論所
稱然厚於自奉食饌豐侈廣畜芻豢躬臨宰殺時方奉
佛其篤信之士或譏之令問曰此物畜生與果菜何異
胡爲強生分別不亦遠於道乎略不以恩眄自恃閑適
郊野從禽自娛十五年涼州都督王君㚟奏回紇部落
叛令問坐與連姻左授撫州別駕尋卒太和中令問孫
彥芳鳳翔府司錄參軍詣闕進高祖太宗所賜衞國公
靖官告敕書手詔等十餘卷內四卷太宗文皇帝筆迹
文宗寶惜不能釋手其佩筆尚堪書金裝木匣製作精
巧帝並留禁中令書工模寫本還之賜芳絹二百匹衣

服韠笏以酬之
韋端符李衞公故物記云三原令座中有客曰李丞
彥芳者衞公之胄藏文帝手札二十通多言征討事
厚勞苦其兵事節度皆倚公吾不從中制也
林侗昭陵石蹟考云公廟在三原西關有唐李衞公
故里石碑子孫尚有百餘戶居縣西五里之橋頭村
咸業農其地屬涇陽今廣西籐縣有公廟士人崇祀
若漢伏波潞安府亦有廟

國家圖書館出版品預行編目資料

汪氏兵學三書／（清）汪宗沂選編；李浴日選輯.
-- 初版. -- 新北市：華夏出版有限公司, 2022.02
面； 公分. -- (中國兵學大系；03)
ISBN 978-986-0799-37-8(平裝)
1.兵法 2.中國

592.097 110014348

中國兵學大系 003
汪氏兵學三書

選 編 （清）汪宗沂
選 輯 李浴日
印 刷 百通科技股份有限公司
電話：02-86926066 傳真：02-86926016
出 版 華夏出版有限公司
220 新北市板橋區縣民大道 3 段 93 巷 30 弄 25 號 1 樓
電話：02-32343788 傳真：02-22234544
E-mail：pftwsdom@ms7.hinet.net
總 經 銷 貿騰發賣股份有限公司
新北市 235 中和區立德街 136 號 6 樓
電話：02-82275988 傳真：02-82275989
網址：www.namode.com
版 次 2022 年 2 月初版一刷
特 價 新臺幣 450 元 (缺頁或破損的書，請寄回更換)

ISBN-13：978-986-0799-37-8